Lars Schmitz-Eggen

Das Schicksal der »Hoheweg«

8. November 2006:
Katastrophe in den Nordergründen

Bildquellen: Bundesamt für Seeschifffahrt und Hydrographie (S. 35, 89 unten, 93 unten rechts, 97 unten rechts), Bundesstelle für Seeunfalluntersuchung (Titel, S. 71 oben links, 75 unten rechts, 79 oben, 83 unten, 103, 129 oben links), Bundeswehr (S. 29), Cospas/SarSat (S. 21), DGzRS (S. 25), Jan Hatecke (S. 107 oben), Taucher Kirchgäßner (S. 69, 71 unten und oben rechts, 79 unten, 83 oben), Klaus Krukau (S. 89 oben, 112, 115, 119, 123 oben links und rechts, 129 oben rechts und unten), Michael Lemke/www.pixelio.de (S. 111), Fa. McMurdo (S. 21), Polizei (S. 11, 75 oben und unten links, 86, 93 oben und unten links, 97 oben und unten links, 107 unten, 135 oben links und unten), Lars Schmitz-Eggen (S. 25, 45, 49, 123 unten, 135 oben rechts), LUT Toulouse (S. 21)

Anmerkung zum Bildnachweis: Der Herausgeber hat jede Anstrengung unternommen, um das Urheberrecht für die in diesem Buch verwendeten Aufnahmen herauszufinden. Trotzdem ist es möglich, dass sich bei den Bildnachweisen ein Irrtum eingeschlichen hat. In diesem Fall entschuldigt sich der Herausgeber für den Fehler und bittet den Inhaber des Urheberrechts, sich mit Nachweis seines Urheberrechts an den Herausgeber zu wenden.

Weitere Informationen im Internet unter www.seenotfall.de

Bibliographische Information der Deutschen Nationalbibliothek
Die Deutsche Nationalbibliothek verzeichnet diese Publikation in der Deutschen Nationalbibliografie; detaillierte bibliografische Daten sind im Internet über http://dnb.d-nb.de abrufbar.

Originalausgabe

Gestaltung: Katrin Krüger
Herstellung und Verlag: Books on Demand GmbH, Norderstedt
ISBN 978-3-8391-1996-9

für

Siegfried Breitenfeld
Sören Busker
Sven Hullmann
Wolfgang Larsen

– unbekannterweise

▶ Der Untergang der *Hoheweg* am 8. November 2006 gilt als eines der schwersten Schiffsunglücke, das sich in den letzten Jahrzehnten vor der deutschen Nordseeküste ereignet hat. Vier Menschen kamen damals ums Leben, und Wochenlang beherrschten das Schicksal dieser Männer und die Umstände des Unglücks die Medien in Norddeutschland.

Mittlerweile beginnt bei vielen die Erinnerung an den Untergang zu verblassen. Andere Ereignisse beherrschen die Schlagzeilen. Die *Hoheweg* ist zu einer privaten Angelegenheit der Hinterbliebenen, Freunde und Kollegen der vier Fischer geworden. In Vergessenheit geraten sollte dieses Schiffsunglück aber auch in der Öffentlichkeit nicht. Deshalb dieses Buch, das versucht, die Geschichte des Schiffes zu porträtieren und sein tragisches Ende nachzuzeichnen.

Es waren schwierige und langwierige Recherchen. Mein Dank gilt deshalb all jenen, die mich dabei unterstützt haben, Hintergründe erklärten und für Interviews zur Verfügung standen. Ich habe mich bemüht, den „Fall *Hoheweg*" objektiv und möglichst lückenlos zu rekonstruieren. Die Gefühle der unmittelbar Betroffenen hierbei nicht zu verletzten, war und ist mir ein besonderes Anliegen. Meine Hoffnung ist, dass auch sie dieses Buch als bleibende Erinnerung an die *Hoheweg* und ihre Besatzungsmitglieder annehmen. ◀

Lars Schmitz-Eggen
Osterholz-Scharmbeck, August 2009

Die letzte Fahrt der »Hoheweg«

▶ Ihr Ziel ist die Ostsee, ihre Aufgabe der Dorschfang. Die vier Fischer, die an diesem 8. November 2006 mit der *Hoheweg* den Hafen von Brake verlassen, kennen die vor ihnen liegende Route nur zu gut. Nach Weser und Elbe wird die Fahrt weiter durch den Nord-Ostsee-Kanal führen. In den zurückliegenden beiden Jahren hat das Schiff 548 Tage in Nord- und Ostsee damit zugebracht, die Netze auszubringen, einzuholen und den Fang an Bord zu verarbeiten. Für die Männer ist das Routine, genau wie das manchmal raue Wetter.

Die *Hoheweg* ist in Brake beheimatet, einer Kreisstadt an der Unterweser, dessen Hafen eine lange Tradition hat. Erstmals wurde er 1756 urkundlich erwähnt. Heute leben in der niedersächsischen Stadt über 16.000 Menschen. Viele verdienen wie seit Generationen ihren Lebensunterhalt auf oder zumindest durch das Meer. Früher, im 19. Jahrhundert, fuhren von Brake aus die Walfänger ins nördliche Polarmeer oder in die Südsee. Heute wird der Hafen vor allem als Umschlagplatz für Massenschüttgut wie Getreide, Futter- und Düngemittel sowie Schwefel, aber auch wegen einer Holz-, Papier-, Eisen- oder Stahlladung angelaufen. Schiffe mit einem Tiefgang von knapp zwölf Metern und einer Tragfähigkeit von bis zu 45.000 tdw können an den Piers abgefertigt werden.

Die Fischerei hat im Laufe der Zeit für die Stadt an Bedeutung verloren. Die Kutter der Hullmann Seefischerei OHG – zu denen auch die *Hoheweg* gehört – zählen zu den Letzten, die diese Tradition in der Hafenstadt an der Unterweser noch aufrechterhalten. Brakes Bürgermeister Roland Schiefke wird in wenigen Tagen im Fernsehen sagen, dass „die Familie Hullmann (…) die letzte verbliebene Bastion der Hochseefischerei in Brake“ sei. Diese „Bastion“ wird dann allerdings in ihren Grundfesten erschüttert sein.

Das Auslaufen der *Hoheweg* gehört für den Braker Hafen zum Alltagsbild. Deshalb nimmt auch kaum einer Notiz davon, als das Schiff an jenem Mittwoch im November 2006 um kurz nach 12.00 Uhr mittags seinen Liegeplatz verlässt und zu einer neuen Fangreise aufbricht. Zusammen mit dem Schwesterschiff *Rotesand* passiert man die Schleuse, die den Hafen mit dem Weser-Fahrwasser verbindet und in Sichtweite des familieneigenen Imbisses liegt.

Die Kutter steuern nach Passieren der Schleuse Weser abwärts Richtung Bremerhaven. Doch weit kommt das Duo nicht. Bereits in Höhe der Autofähre, die Brake mit Sandstedt im Landkreis Cuxhaven verbindet, meldet die *Rotesand* Maschinenprobleme. Die Welle ist anscheinend infolge einer Unwucht heißgelaufen. Der Fischkutter muss umkehren. Da er hierzu aus eigener Kraft kaum in der Lage ist, nimmt ihn die *Hoheweg* in Schlepp und bringt ihn zurück in den Heimathafen. Vor der Schleuseneinfahrt wird die Schleppleine losgeworfen. Während auf die *Rotesand* eine Reparatur wartet, machen sich *Hoheweg*-Kapitän Sven Hullmann und seine Männer allein auf den Weg Richtung Ostsee.

Sven Hullmann ist der Sohn des Eigners und 27 Jahre alt. Er hatte am 3. Februar 2004 auf dem Kutter als Kapitän angemustert und besitzt seit September 2000 das so genannte BKü-Patent, das ihn zum Kapitän auf Fischereifahrzeugen bis zu einem Raumgehalt von 75 Bruttoregistertonnen (BRT) bzw. einer Bruttoraumzahl (BRZ) von 150 in der Küstenfischerei macht. Am 11. August 2006 wurde ihm zudem ein BK-Patent ausgestellt, wonach er Kapitän auf Fischereifahrzeugen in der Kleinen Hochseefischerei ist.

Hullmann liebt die Seefahrt. Jede freie Minute ist er auf dem Schiff. „Sven war entweder auf See oder zum Ausschlafen im

Die „Hoheweg“ an ihrem Liegeplatz im Hafen von Brake. Dieses Foto entstand im Juni 2006.

In Brake sind nur noch eine Handvoll Fischkutter registriert. Die „Hoheweg“ (re.) war einer der Letzten. Rechts im Bild der Imbiss der Familie Hullmann.

1990 übernahm die Hullmann Seefischerei OHG das Schiff und ließ es später zu einem Heckfänger umbauen.

Bett“, erzählt ein Bekannter über den Kapitän. Ein Kollege beschreibt den Schiffsführer als „ruhigen, besonnenen Fischer“, der nicht auf Biegen und Brechen hinausfahre oder leichtsinnig handele.

Dem Kapitän zur Seite steht der 47-jährige 1. Steuermann Siegfried Breitenfeld aus Gingst auf Rügen. Er ist verheiratet und Vater einer Tochter sowie eines Sohnes, der allerdings vor rund zehn Jahre tödlich verunglückte. Siegfried Breitenfeld besitzt seit 1991 genau wie Sven Hullmann ein BK-Patent und wird seit dem 27. Juni 2005 an Bord gemustert. Der Rüganer ist ein stiller und ruhiger Mann, der Mitte der 70er-Jahre in der damaligen Betriebsberufsschule des Sassnitzer Fischkombinates ausgebildet wurde. Danach fuhr Breitenfeld als Matrose auf einem Kutter der Genossenschaft der Sassnitzer Seefischer, ehe er sich nach der Wende in den alten Bundesländern um einen neuen Job bemühte.

Außerdem an Bord ist der 38-jährige Fischwirt (Fischereimatrose) Wolfgang Larsen. Der Familienvater lebt mit seiner Frau und seinen zwei und fünf Jahre alten Töchtern in Sassnitz; er stammt also ebenfalls von der Insel Rügen. Larsen arbeitet seit dem 1. September 2006 als Decksmann auf der *Hoheweg.*

Der jüngste im Team ist der erst 18 Jahre alte Sören Busker aus Hooksiel im Wangerland. Er hat an Bord seine Ausbildung zum Fischwirt absolviert und fährt an diesem 8. November 2006 letztmalig als Auszubildender mit raus.

Busker stammt aus einer Fischerfamilie. Schon sein Urgroßvater, Großvater und Vater fuhren aufs Meer hinaus, um Krabben und Fische zu fangen. „Draußen auf See, das ist mein Traum“, erzählte er zwei Jahre zuvor in einem Radiointerview. „Kein Land mehr in Sicht, das ist immer schön.“ Als Kind fuhr er öfters mit seinem Vater hinaus. Später, als Jugendlicher, hatte er sein eigenes kleines Boot, mit dem er und seine Freunde zum Segeln oder Krabbenfischen unterwegs waren.

Dass er sich keinen ungefährlichen Beruf ausgesucht hat, weiß Sören Busker. „Kann alles passieren", räumt er in dem Interview ein. „Ich kann über Bord gehen bei richtigem Seegang. Da kann so viel passieren, alles möglich." Über die Seekrankheit, unter der er in den ersten Wochen seiner Ausbildungszeit gelitten hat, kann er mittlerweile nur noch schmunzeln. Sein Ziel ist es, das Kapitänspatent zu bekommen und sich danach zusammen mit seinem Vater selbstständig zu machen.

Bevor die *Hoheweg* in die Nordsee hinaussteuert, wird im Fischereihafen von Bremerhaven noch Eis gebunkert. Zwischen 15.30 und 17.30 Uhr werden rund drei Tonnen des so genannten Kuttereises übernommen, das ein Eismeister über einen Verladeschlauch in die Fischräume gibt. Es dient dazu, den zu erwartenden kostbaren Fang zu kühlen und so lange frisch zu halten, bis er angelandet werden kann. Nachdem das Eis übernommen worden ist, passiert die *Hoheweg* um 17.44 Uhr die kleine Kammer der Fischereihafen-Doppelschleuse und läuft anschließend Weser abwärts Richtung See.

Die *Hoheweg* wurde 1974 unter der Neubaunummer 123 von der Julius-Diedrich-Schiffswerft in Oldersum als Seitentrawler gebaut. Zunächst erhielt der Kutter den Namen *Roswitha*. Er war Teil einer vermutlich vierteiligen Bauserie, von der sich heute nur noch in Spanien die *Pesorsa Dos* (HF 564) unter Fahrt befindet. Sie gehört der Seamar GmbH aus Lübeck, ihr Heimathafen ist Finkenwerder.

Um für Fangreisen im Nordatlantik in Höhe der Färöer und Shetland-Inseln gerüstet zu sein, wurde die damalige *Roswitha* 1980 mit einer festen Kortdüse und auf der Backbordseite des Hauptdecks mit einem Wetterschutz aus Aluminium versehen. Bei einer Kortdüse handelt es sich um einen breiten Reifen, der wie ein kurzes Rohr den Propeller des Schiffes ummantelt. Der

Reifen verjüngt sich minimal zum Heck hin. Dadurch entsteht am Propeller eine größere Strömung, was mehr Vortrieb und gleichzeitig eine Kraftstoffeinsparung bedeutet. Beide Arbeiten wurden von einer Werft fachmännisch durchgeführt und vom Germanischen Lloyd bzw. der See-Berufsgenossenschaft (See-BG) abgenommen.

Im Nordatlantik musste das Schiff mit zum Teil sehr ungünstigen Witterungsbedingungen fertig werden. Windstärken von zehn Beaufort, was 89 bis 102 km/h entspricht, treten in dem Gebiet zwischen Island und der norwegischen Westküste häufiger auf. Der *Roswitha* machte dies aber nichts aus. Anzeichen für Stabilitätsprobleme oder nennenswerte Schäden am Schiff sind zumindest nicht bekannt geworden.

Nach dem Tod des Erstbesitzers kaufte die Hullmann Seefischerei OHG aus Brake den Fischkutter und taufte ihn in *Ho-*

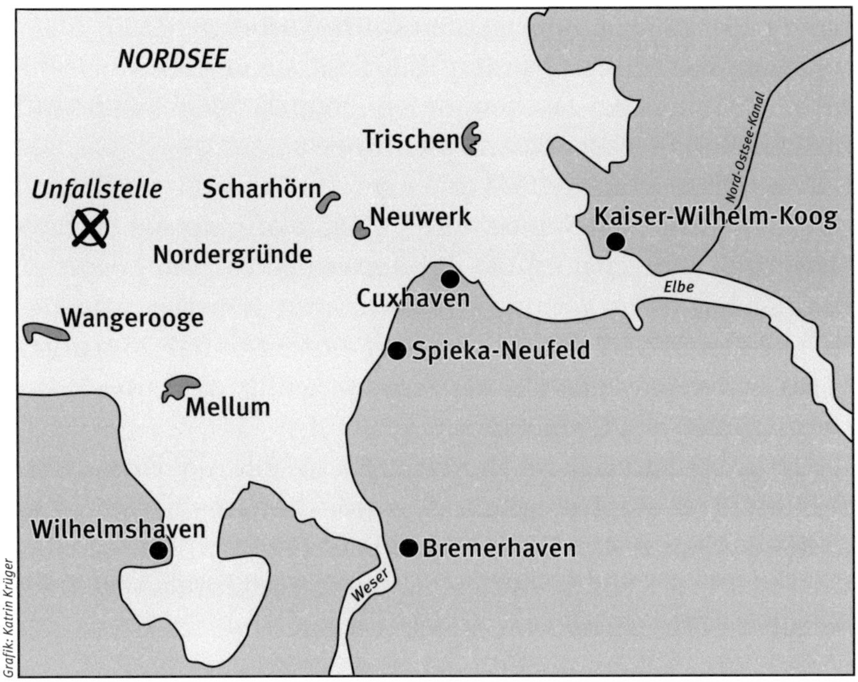

Grafik: Katrin Krüger

heweg um. Das Familienunternehmen existiert seit mehr als 80 Jahren und lebt in vierter Generation vom Fischfang. Unter anderem geht man auch in der Ostsee auf Fangreise und landet den gefangenen Fisch dann zum Beispiel in Sassnitz oder Rostock an.

Offiziell ist die *Hoheweg* mit Bruttoraumzahl 122 vermessen und weist eine Verdrängung von zirka 213 Tonnen auf. Gute Voraussetzungen, um zum Beispiel in der Ostsee auf Dorschfang zu gehen.

So läuft die *Hoheweg* am 8. November 2006 vorbei an der Columbuskaje von Bremerhaven Richtung See. Sie ist einer von vielen Punkten auf dem Radarschirm an diesem Nachmittag. Aufgrund ihrer relativ geringen Größe braucht sich die *Hoheweg* bei der Revierzentrale Bremerhaven nicht anzumelden. Dies hat zur Folge, dass das Radarecho des Fischkutters – anders als zum Beispiel das Küstenmotorschiff *Helgoland*, das sich kurz hinter der *Hoheweg* befindet – kein so genanntes Mitlaufzeichen erhält. Die *Helgoland* hingegen muss sich vorschriftsmäßig bei der Revierzentrale anmelden und taucht daraufhin unter der Bezeichnung C9 auf den Monitoren auf.

Beide Schiffe fahren im Weserfahrwasser einige Zeit bis zum so genannten „Bremer Kreuz“ hintereinander her, wo sie nach rechts in die Alte Weser abbiegen. Weiter geht die Reise in Richtung der Leuchttürme Roter Sand und Alte Weser. Sven Hullmans Plan ist es, hinter dem Tonnenpaar Alpha 4/Alpha 6 über die Nordergründe abzukürzen und Richtung Elbe zu steuern. Ein beliebter Short-cut unter Seeleuten und Seglern.

Der Wind frischt auf. Kapitän Hullmann weiß, dass für den Abend und die Nacht Sturm gemeldet worden ist. Eigentlich wollte er ja schon lange im Nord-Ostsee-Kanal sein. Doch die Verzögerung aufgrund des Schadens an Bord der *Rotesand* hat ihm einen Strich durch die Rechnung gemacht. Er ist deutlich später dran als geplant. Noch aber weht nur ein frischer bis starker Wind aus südwestlichen Richtungen mit einer mittleren Stärke von fünf bis sechs Beaufort, der später in Böen bis zu sieben Beaufort erreicht. Die Sicht liegt den ganzen Tag über bei drei bis sieben Kilometern. Das erwartete Tiefdruckgebiet ist aber im Anzug.

Zwischen 18.00 und 19.00 Uhr telefoniert Decksmann Wolfgang Larsen mit seiner Frau in Sassnitz und erzählt ihr von dem bevorstehenden Sturm. „Wir kriegen neun bis zehn Windstärken“, berichtet er seiner Ehefrau und wirkt angespannt. Diese hat Angst um ihn und bittet: „Fahrt nicht raus!“ Der Kapitän habe anders entschieden, lautet sinngemäß die Antwort ihres Mannes. Später versucht sie nochmals, ihn telefonisch zu erreichen. Doch sein Handy ist ausgeschaltet.

Um 18.50 Uhr überholt die *Helgoland* zwischen den Tonnen 32 und 34 die *Hoheweg*. Weiterhin aber laufen beide Schiffe auf demselben Kurs.

An Bord der *Hoheweg* scheint alles seinen gewohnten Gang zu gehen. Zwischen 19.40 und 20.00 Uhr führt der Kapitän der *Hoheweg* mit seinem Kollegen vom Krabbenkutter *Christine* ein zehn- bis 15-minütiges Telefongespräch. Man unterhält sich über Fangquoten und die bevorstehende Reise. Das herrschende Wetter scheint keinen der beiden Männer auch nur eine Silbe wert zu sein. So wird das Telefonat beendet, indem man sich gegenseitig eine gute Fahrt wünscht. Gegen 20.00 Uhr sieht der Kapitän der *Christine* bei Tonne 16 A letztmals deutlich die hell erleuchteten Aufbauten der *Hoheweg* und deren Positionslichter. Danach verliert er den Fischkutter aus den Augen. Der Krabbenfänger ist der Letzte, der Sichtkontakt zur *Hoheweg* hat.

Kurz nach 20.00 Uhr führt der Kapitän der *Hoheweg* ein weiteres Telefonat, diesmal mit seinem Bruder. Auch in diesem

Gespräch wird nichts erwähnt, was auf Probleme an Bord oder mit der Witterung hindeuten könnte. Dieses letzte Telefonat mit der *Hoheweg* endet um 20.08 Uhr.

Gegen 20.30 Uhr – rund eine halbe Seemeile nach Tonne A 6 – ändert die *Hoheweg* ihren Kurs um 50 Grad nach Steuerbord, um das Elbfahrwasser anzusteuern. Der Fischkutter befindet sich zu diesem Zeitpunkt rund zwei Seemeilen hinter dem Küstenmotorschiff *Helgoland*, das ebenfalls auf die Elbmündung zuhält.

Der Wind hat mittlerweile auf West gedreht und ist auf sieben bis acht Beaufort im Mittel und mit bis zu neun Beaufort in Böen aufgefrischt. Die Wellenhöhe beträgt zum Teil dreieinhalb Meter. Schaumstreifen sind auf dem Wasser zu erkennen. Gischt beeinträchtigt die Sicht. Kleinere Kutter haben schon vorher kehrtgemacht und im Heimathafen Schutz gesucht.

Was in diesen Minuten an Bord passiert, weiß niemand und kann mit letzter Sicherheit auch nicht mehr rekonstruiert werden. Vermutlich steht der Kapitän selbst am Ruder, als er Maschinenprobleme bemerkt. Der Motor scheint zu stottern; das Schiff verliert an Fahrt. Um seinen hochseegängigen Kutter zu schützen, dreht der 27 Jahre alte Schiffsführer die *Hoheweg* gegen Wind und Wellen. Auf dem Radar stellt sich dies so dar, als ob der Fischkutter im Kreis fahren würde.

Notankern wäre eine Möglichkeit in dieser Situation, doch das Ankergeschirr ist nicht klar. Vielleicht begibt sich der Kapitän stattdessen sogar noch selbst in den Maschinenraum, um nach der Ursache des Problems zu suchen. Der Motor ist nur vom Maschinenraum aus zu starten. Der Fahrhebel wird später auf einer Stellung zwischen „Leerlauf" und „Langsam Voraus" vorgefunden.

Wetter und See sind schlecht, aber für einen Fischkutter wie die *Hoheweg* keinesfalls bedenklich. Schließlich ist der Hochseekutter für den Einsatz im Nordatlantik konstruiert worden, wo zeitweise noch extremere Verhältnisse herrschen. Doch um 20.43 Uhr ist das Radarecho der *Hoheweg* plötzlich nicht mehr eindeutig zu erkennen, und kurz danach verschwindet auch die Positionsanzeige des automatischen Schiffsidentifizierungs-Systems, das so genannte AIS-Signal. Der Fischkutter befindet sich zu diesem Zeitpunkt zirka anderthalb Seemeilen nördlich der Alte-Weser-Fahrwassertonne Alpha 6. Beides bemerkt aber zunächst niemand.

Die vierköpfige Besatzung wird in diesem Augenblick vom Untergang ihres Schiffes überrascht. Es bleibt ihr keine Zeit mehr, das Rettungsfloß auszusetzen, einen Notruf abzugeben oder Rettungswesten anzulegen. Später findet man in der Kapitänskammer zwei Signal-Nachtlichter der Rettungsringe, Handfackeln und Fallschirmsignale, zwei Automatikwesten und eine Feststoffrettungsweste. Innerhalb von ein bis zwei Minuten dürfte das Schiff kentern und die vier Männer mit in die Tiefe der aufgewühlten Nordsee ziehen.

Erst als um exakt 20 Uhr 44 Minuten und 45 Sekunden ein Notrufsignal der Seenotboje empfangen wird, keimt der Verdacht auf, dass mit der *Hoheweg* etwas nicht stimmt. ◀

Großeinsatz in den Nordergründen

▶ Die Ersten, die von der Notlage der *Hoheweg* Kenntnis bekommen, sind etwa tausend Seemeilen entfernt. Im französischen Toulouse empfängt am 8. November 2006 eine Station des internationalen Cospas-Sarsat-Systems um 20.44 Uhr ein Signal der automatischen Seenotbake des deutschen Fischkutters. Diese Electronic Position Indicating Radio Beacon – kurz EPIRB genannt – ist nur unwesentlich größer als zwei Konservendosen. Doch bei Wasserkontakt schaltet sich das äußerlich eher unscheinbar wirkende Gerät selbstständig ein und sendet auf der Funkfrequenz 406 MHz in einem bestimmten Rhythmus Notrufsignale aus.

Der in Seenot geratene Fischkutter ist mit einer EPIRB vom Typ E3 der Firma McMurdo ausgerüstet, die auf das erwähnte Cospas-Sarsat-System abgestimmt ist. Cospas-Sarsat basiert auf zwei Pol und vier äquatorial umkreisenden Wettersatelliten, die die Notfrequenz 406 MHz empfangen und an so genannte Local User Terminals (LUTs) weiterleiten. Weltweit gibt es derzeit 45 dieser LUTs. In Europa gehören neben Toulouse auch Bodenstationen in Pentelli (Griechenland), Bari (Italien), Tromsø und Spitzbergen (beide Norwegen), Maspalomas (Spanien) und Combe Martin (Großbritannien) dazu. In den LUTs aufgefangene Notrufe werden automatisch an das jeweilige nationale Rescue Coordination Center (RCC) weitergeleitet, in dessen Hoheitsgebiet sich die Notfallposition befindet.

In Deutschland ist das das nationale Aeronautical Rescue Co-ordination Centre (ARCC) der Bundesluftwaffe in Münster. Geht hier eine Notfallmeldung ein, prüfen die Soldaten in der SAR-Leitstelle, wo sich die angegebene Position exakt befindet. Liegt sie – wie im Falle der *Hoheweg* – über dem Meer, wird der Einsatz an die Seenotleitung der Deutschen Gesellschaft zur Rettung Schiffbrüchiger (DGzRS) nach Bremen weitergegeben, die sich dann federführend darum kümmert. Obwohl eine Notfallmeldung auf diese Art durch viele „Hände" geht und immense Strecken zurücklegt, benötigt die per Telex über Spezialleitungen verschickte Nachricht beispielsweise von Toulouse nach Bremen nur zwei bis drei Minuten. Lediglich bei der Übertragung der Daten vom Satelliten zum Boden kann es technisch bedingt zu minimalen Ungenauigkeiten und geringen Zeitverzögerungen kommen.

Gegen 21.00 Uhr trifft die Nachricht, dass die *Hoheweg* anscheinend in Schwierigkeiten ist, in der Seenotleitung Bremen (Maritim Rescue Coordination Center, MRCC) ein. Mehr, als dass deren EPIRB ausgelöst hat, ist zu diesem Zeitpunkt noch nicht bekannt. Diese erste Meldung beinhaltet noch keine Position. Routinemäßig wird von MRCC Bremen zunächst ein Kommunikations-Check durchgeführt. Über Funk versucht der Disponent, mit dem Havaristen Kontakt zu bekommen und den Alarm zu verifizieren.

MRCC Bremen spricht auf Funkkanal 16 vergeblich die *Hoheweg* an. Deshalb werden das Maritime Lagezentrum in Cuxhaven – ein Fachbereich des Havariekommandos – und die maritimen Verkehrszentralen an der Elbe sowie Weser über den Seenotfall informiert. Cuxhaven Elbe Traffic ruft den Fischkutter auf demselben Kanal wie MRCC Bremen. Bremerhaven Weser Traffic spricht die *Hoheweg* auf den Kanälen 2, 4 und 22 an, ohne eine Reaktion zu erhalten.

Nachdem alle Versuche der Kontaktaufnahme fehlgeschlagen sind, alarmiert die Seenotleitung Bremen die Seenotkreuzer *Bernhard Gruben* (Station Norderney), *Vormann Steffens* (Station Hooksiel) und *Hermann Helms* (Station Cuxhaven). Sie sollen die mittlerweile bekannte Position ansteuern und vor Ort prüfen, ob und gegebenenfalls was dort vorgefallen ist.

Ein Satellit des Sarsat-Systems.

```
Le 27/11/2006 08H35 -- Recherche sur numeros messages
Numeros messages :  9097     0     0     0     0  Nbre de suivants :   0

RES:R    FLAG:1ET    NINT:93474                 No 1
CORRES:ETRAYCYX

ZCZC ZOS415
SS ETRAYCYX
082152 LFIAZSZX$$$$$
1.  DISTRESS COSPAS-SARSAT
    POSITION RESOLVED ALERT
2.  MSG NO 09097 FMCC REF NO 34143
3.  DETECTED AT 08 NOV 06 2145 UTC BY SARSAT 6
4.  DETECTION FREQUENCY 406.024 MHZ
5.  COUNTRY OF BEACON REGISTRATION 211/GERMANY
6.  USER CLASS - MARITIME/SHIP STATION IDENTITY 211312470/0
7.  EMERGENCY CODE - NIL
8.  POSITIONS
        RESOLVED  - 53 54.5N 008 07.9E
        DOPPLER A - 53 54.5N 008 07.9E PROB 94
        DOPPLER B - 46 02.6N 033 08.8W PROB 06
        ENCODED   - NIL
9.  ENCODED POSITION PROVIDED BY NIL
10. NEXT PASS TIMES
        DOPPLER A - UNKNOWN
        DOPPLER B - UNKNOWN
11. HEX ID  9A69075929C34D1      HOMING SIGNAL  121.5
12. ACTIVATION TYPE UNKNOWN
13. BEACON NUMBER ON AIRCRAFT OR VESSEL NO. 0
14. OTHER ENCODED INFORMATION
        NIL
15. OPERATIONAL INFORMATION
        TECHNICAL QUALITY: GOOD
16. REMARK
        NIL

FM:FMCC COSPAS/SARSAT TOULOUSE
TO:ETRAYCYX
END OF MESSAGE
```

Die von LUT Toulouse verschickte Notfallmeldung über den Seenotfall „Hoheweg“ von 21.45 Uhr.

Eine EPIRB vom Typ E3 der Firma McMurdo. Eine solche Seenotbake hatte auch die „Hoheweg“ an Bord.

Als der Kapitän der *Christine* den Ruf der Verkehrszentrale Cuxhaven auf Kanal 16 hört, versucht er sofort, den Kapitän der *Hoheweg* per Handy zu erreichen. Wenige Minuten zuvor hatte er mit ihm ja noch telefoniert. Jetzt, um 21.08 Uhr, hört er aber nur ein Besetztzeichen. Kurz danach ertönt dann nur noch die automatische Ansage, dass der gewünschte Gesprächspartner nicht erreichbar ist.

Kein befriedigenderes Ergebnis erzielt ein Mitarbeiter der DGzRS, der vom Eigner der *Hoheweg* die Telefonnummer des Kapitäns erhalten hatte. Der Mann aus der Zentrale der Seenotretter hat anhand der Informationen, die die EPIRB aussendet, schnell alle für ihn wichtigen Informationen recherchiert. Die Seenotbake sendet einen Code aus, anhand dessen sich feststellen lässt, wer der Reeder ist und wie man ihn erreichen kann. Dieser bestätigt, dass sich die *Hoheweg* in diesem Augenblick vermutlich in dem betreffenden Seegebiet aufhält und auf dem Weg nach Brunsbüttel ist. Der Kutter sei gegen 18.00 Uhr in Bremerhaven ausgelaufen. Es befänden sich vier Personen an Bord. Darüber hinaus gibt er die Länge, den Tiefgang und die Lackierung des Schiffes durch.

Alle drei Seenotkreuzer steuern die Position 53° 58,00' Nord, 008° 10,36' Ost an. Es handelt sich um die aktuellste Position, die das Cospas-Sarsat-System mitgeteilt hat. Wo sich die Seenotbake bzw. der Kutter zu diesem Zeitpunkt aber exakt befinden, ist unbekannt. Weil die EPIRB der *Hoheweg* keinen GPS-Empfänger besitzt, der eine exaktere Positionsbestimmung ohne Zeitverzögerung ermöglichen würde, handelt es sich nur um die ungefähre Einsatzstelle. Ein GPS-Empfänger ist heute zwar nicht vorgeschrieben, gilt aber gemeinhin als Standard und steigert die Effektivität dieser Bojen nach Meinung von Experten erheblich.

Die Seenotleitung Bremen fordert gegen 21.30 Uhr bei der Bundesmarine Luftunterstützung an. Die Marineflieger bestätigen, dass man einen Hubschrauber schicken werde. Außerdem wird der größte Seenotkreuzer der DGzRS, die *Hermann Marwede,* in den Einsatz aufgenommen. Das auf Helgoland stationierte Schiff ist speziell für maritime Großschadenslagen ausgestattet und kann zum Beispiel als On Scene Coordinator (OSC) die Einsatzleitung vor Ort übernehmen. Hinzu kommen der Seenotkreuzer *Hannes Glogner* (Station Bremerhaven) und die *Neuwerk,* ein Spezialschiff des Bundesamtes für Seeschifffahrt und Hydrographie.

Das erste Mayday-Relay wird um 21.43 Uhr von Bremen Rescue Radio ausgestrahlt. Als letzte bekannte Position ist 53° 58' Nord, 008° 10,6' Ost automatisch errechnet worden – zirka 16 Seemeilen südöstlich von Helgoland. Unter Nautikern ist dieses Gebiet auch als die Nordergründe bekannt, eine berühmt-berüchtigte Sandbank in der Außenweser, vor der jeder Seemann Respekt haben sollte. In diesem Flachwassergebiet bauen sich bei Sturm kurze, steile Wellen auf, die sehr gefährlich werden können. „Der erfahrene und revierkundige Seemann weiß, dass er bei schwerem Wetter einen Bogen um die Nordergründe mit ihren gefährlichen Untiefen machen sollte", rät Dirk Hinners-Stommel, Leiter der Seenotleitung Bremen. Es werde seitens der DGzRS zwar keine offizielle Statistik über die Einsatzzahlen in bestimmten Regionen der Nord- und Ostsee geführt, erklärt Hinners-Stommel. Doch die Nordergründe seien auch Seenotrettern durch zahlreiche Zwischenfälle gut bekannt...

Bremen Rescue Radio, das sich ebenfalls im Gebäude der Bremer DGzRS-Zentrale befindet, bittet alle Schiffe, die sich in dem betreffenden Seegebiet aufhalten, nach einem rund 26 Meter langen Schiff mit blauem Rumpf Ausschau zu halten. Da die EPIRB der *Hoheweg* auch ein schwaches, so genanntes Homingsignal auf der Frequenz 121,5 MHz sendet, könnten die anderen, in der Nähe der Unglücksstelle befindlichen Schiffe versuchen, sie anzupeilen.

Jörg Lüdtke ist Vormann des in Büsum stationierten Seenotkreuzers *Hans Hackmack*. Er sitzt mit seinen Kollegen in der Messe und schaut Fernsehen, während sich in der Seenotleitung Bremen der größte Einsatz der vergangenen 25 Jahre für die Deutsche Gesellschaft zur Rettung Schiffbrüchiger anbahnt. Noch ist es aber für die Rettungsmänner ein ruhiger Abend. Mit einem Ohr verfolgen sie immer den Funk, der im Hintergrund Tag und Nacht mitläuft. Sie hören, wie MRCC Bremen über UKW-Funk die *Hoheweg* ruft und eine Einheit nach der anderen in die Nordergründe schickt. Lüdtke glaubt sich zu verhören, doch als das Rufzeichen des vermissten Schiffes durchgegeben wird, ist er sich ganz sicher: Es handelt sich um den Kutter, auf dem er früher selbst gearbeitet hat. Als Steuermann war er damals sogar selbst an der Ausbildung Sven Hullmanns zum Fischwirt beteiligt. „Mit dem Schiff waren wir früher bei viel schlechterem Wetter auf See", erzählt der Seenotretter später in einem Fernsehinterview. „Ich hatte überhaupt kein schlechtes Gefühl", erinnert er sich an seine Zeit an Bord der *Hoheweg*. Deshalb geht er auch erst mal von einem Fehlalarm aus.

Die Seenotkreuzer treffen nacheinander im zugewiesenen Seegebiet ein und beginnen, trotz Dunkelheit und zunehmendem Sturm, nach dem vermissten Fischkutter zu suchen. In gleichmäßigen Bahnen durchfahren sie die Nordergründe. Wie Leuchtstäbe zerschneiden ihre starken Scheinwerfer die Nacht und suchen die Wellenberge ab. Im Fahrstand wird das Radar kaum noch aus den Augen gelassen, um auch den schwächsten Kontakt wahrzunehmen.

Die Einsatzleitzentrale der Marine in Glücksburg bietet der

Dirk Hinners-Stommel, Leiter der Seenotleitung Bremen.

Seenotkreuzer „Hermann Marwede“, mit 46 Meter Länge das größte Schiff der DGzRS-Flotte.

Seenotleitung Bremen an, zusätzlich zu dem Hubschrauber ein Flugzeug für die Suche abzustellen. Es handelt sich um eine Dornier DO 228 LM, die vor allem als Ölaufklärungsflugzeug eingesetzt wird. Die Marine verfügt über zwei Maschinen dieses Typs. Beide sind in Nordholz beim Marinefliegergeschwader 3 „Graf Zeppelin“ stationiert. Zu ihrer Ausrüstung gehören unter anderem Radar, Infrarot- und Ultraviolett-Sensoren, Mikrowellenradiometer und Fluoreszenz-Laser sowie Videokameras. Die von RCC Glücksburg angebotene DO 228 befindet sich momentan zwar noch über der Ostsee, könnte aber gegen 23.00 Uhr im Suchgebiet eintreffen. Für den weiteren, vor allem zivilen Flugverkehr wird der Luftraum über dem Unglücksgebiet während der Suche von der Flugsicherung Bremen gesperrt.

MRCC Bremen gibt grünes Licht für den Einsatz des Marineflugzeugs und versucht, noch mehr Sucheinheiten in das betroffene Seegebiet zu verlegen. Das Fischereischutzfahrzeug *Meerkatze* bietet seine Unterstützung an und könnte gegen 23.20 Uhr vor Ort sein. Die Polizeiboote *Bürgermeister Brauer* und *Bremen 2* könnten sich etwa ab 02.00 Uhr an der Suche beteiligen. Alle Hilfsangebote werden angekommen.

Das schlechte Wetter nimmt an Intensität zu. Die *Hermann Marwede* berichtet gegen 22.30 Uhr von fünf Meter hohen Wellen und einer ausgeprägten Starkwindlage mit Spitzen um acht Beaufort, was einer Windgeschwindigkeit von zirka 15 Metern in der Sekunde entspricht. Die See türmt sich. Beim Brechen der Wellen entsteht weißer Schaum, der sich in Streifen in die Windrichtung zu legen beginnt. Trotz ihrer Größe von 46 Metern und einer Verdrängung von 404 Tonnen stampft die *Hermann Marwede* in der sehr groben See.

Um 22.41 Uhr wird Ölgeruch im Suchgebiet wahrgenommen, ohne Näheres feststellen zu können. Als Position gibt man 53° 55,8’ Nord, 008° 7,8’ Ost durch. Die Stelle wird später als Ausgangspunkt für eine detaillierte Suche unter anderem aus der Luft bestimmt. Hierbei soll dann auch ein Sonargerät eingesetzt werden.

Zur selben Zeit empfängt die *Hermann Marwede* in 152 Grad das auf der Frequenz 121,5 kHz ausgesendete Homingsignal der Seenotbake. Da sie nur eine geringe, wenige Seemeilen betragende Reichweite hat, müssen sich die Rettungsmänner in unmittelbarer Nähe zur EPIRB befinden. In der stockfinsteren Nacht wäre es aber ein kleines Wunder, würde man das winzige Blinklicht zwischen den hohen Wellenbergen mit bloßem Auge entdecken. Doch das Wunder geschieht: Um 23.05 Uhr bemerkt die Besatzung der *Hermann Helms* tatsächlich das Blitzlichtsignal, wie es zwischen den Wellen auf und ab tanzt, und nimmt die Bake an Bord. Eine „Bravourleistung", attestiert Seenotleitungs-Chef Hinners-Stommel seinen Kollegen aus Cuxhaven. „Das muss ihnen unter diesen Bedingungen erst mal jemand nachmachen."

„Wir sahen oben auf einem Wellenberg nur ein winziges Licht", berichtet Vormann Jörg Bünting später, „dann sind wir hin und haben die geholt." Ganz einfach, könnte man meinen. In der aufgewühlten See wird der Seenotkreuzer allerdings immer wieder versetzt. Mühsam muss ein ums andere Mal an die kleine Bake heranmanövriert werden. „Da bist du schnell zehn Meter weg und kannst mal nicht eben wieder rückwärts", räumt der Vormann ein.

Nachdem die Seenotleitung Bremen die Firma Hullmann in Brake von dem Unfall mit einem ihrer Schiffe informiert hat, verständigt die Reederei die Angehörigen der Besatzungsmitglieder. So klingelt gegen 23.50 Uhr auch bei Tanja Larsen, der Ehefrau des Decksmanns Wolfgang Larsen, in Sassnitz auf Rügen das Telefon. Sie erfährt, dass das Schiff seit rund zweieinhalb Stunden vermisst werde. Man suche nach der *Hoheweg* und ihrer Besatzung. Mehr sei augenblicklich nicht bekannt.

Sowohl für Tanja Larsen als auch die anderen Angehörigen der Vermissten beginnen Stunden der Ungewissheit. An Schlaf ist nicht zu denken. Die Familien bleiben bis zum Morgengrauen wach und hoffen, minütlich den erlösenden Anruf zu erhalten, dass die *Hoheweg* oder wenigstens die vier Besatzungsmitglieder in Sicherheit seien.

Die Helfer tun ihr Möglichstes. Zahlreiche Einheiten – vor allem der DGzRS – durchkämmen das Unglücksgebiet. Die Polizeiboote *Bürgermeister Brauer* und *Bremen 2* haben den Versuch, das Suchgebiet zu erreichen, wegen des hohen Seegangs aufgeben müssen. Sie sind nicht dafür ausgelegt, gegen drei bis fünf Meter hohe Wellen anzusteuern.

Das Ölaufklärungsflugzeug der Marine ist mittlerweile eingetroffen. Es wird unter dem Namen „Rescue 57+01" in den Einsatz aufgenommen und bekommt vom OSC *Hermann Marwede* die Koordinaten der Suchgebiete mitgeteilt. Um die Suche aus der Luft zu forcieren, fordert MRCC Bremen zudem um 23.23 Uhr bei der Bundespolizei einen Hubschrauber vom Typ „Super Puma" an. Sechs Minuten danach wird die Anforderung positiv beantwortet. Die Maschine werde aber rund zwei Stunden benötigen, ehe sie starten könne, heißt es. „Pirol 802", so ihr Rufname, stehe derzeit noch in Itzehoe. Der Hubschrauber startet um 01.03 Uhr.

Innerhalb weniger Minuten könnte der zivile Rettungshubschrauber „Christoph 26" der ADAC Luftrettung aus Sanderbusch bei Wilhelmshaven in der Luft sein. Da er nachts laut RCC Glücksburg aber keine Winschmanöver durchführen darf, ist sein Einsatzwert eher gering. Er wird deshalb erst mal außen vor gelassen.

Sea King MK 41 der Bundesmarine.

Marinehubschrauber vom Typ Sea Lynx.

Suchflugzeug Bréguet Atlantic BR 1150.

Ölaufklärungsflugzeug Dornier DO 228 LM.

Von RCC Glücksburg kommt um 00.21 Uhr die Information, dass sich ein SAR-Hubschrauber („Rescue 89+51") vom Typ Sea King MK 41 aus Kiel auf den Weg ins Zielgebiet gemacht habe. Die Maschine gehört zum Marinefliegergeschwader 5 in Kiel-Holtenau. Hubschrauber dieses Typs werden von der Bundesmarine seit 1975 unter anderem für den Such- und Rettungsdienst über See eingesetzt. „Rescue 89+51" meldet sich um 01.08 Uhr „On Scene", ist also im Suchgebiet eingetroffen.

Von mehreren Seenotkreuzern treffen die Meldungen ein, wonach im Wasser treibende Gegenstände gesichtet worden sind. Sie verstärken den Verdacht, dass die *Hoheweg* gesunken sein dürfte. Um 23.43 Uhr gibt die *Vormann Steffens* beispielsweise durch, dass im Meer Fischkisten schwimmen würden. Auch die *Bernhard Gruben* entdeckt wenig später zahlreiche dieser Kunststoffboxen, rund anderthalb Seemeilen östlich der Tonne „Alte Weser". Gegen 01.30 Uhr sehen die *Bernhard Gruben* zudem in Höhe Robinsbalje im Wasser einen Sack mit Notfallmunition und die *Vormann Steffens* einen blauen Kanister. Ein weiterer Fund wird um kurz vor 02.00 Uhr von der *Bernhard Gruben* gemeldet: Nahe der Tonne R3 findet man einen Rettungsring mit der Aufschrift „Brake".

Weil nicht auszuschließen ist, dass die Schiffbrüchigen versuchen könnten, den Leuchtturm „Alte Weser" zu erreichen, werden die *Meerkatze* und *Neuwerk* dazu abgestellt, in dieser Richtung zu suchen. Der Leuchtturm verfügt über ein Fluchtdeck, auf das sich Schiffbrüchige in Sicherheit bringen und Hilfe verständigen können. Sobald die Tür zu diesem Deck geöffnet wird, erhält die Verkehrszentrale in Bremerhaven automatisch einen Alarm. Eine Nachfrage ergibt, dass ein solcher Alarm bislang aber nicht eingegangen ist.

Die Dornier „Rescue 57+01" wird um 01.10 Uhr aus dem Einsatz entlassen. Sie kehrt nach Nordholz zurück. Der Marinehubschrauber „Rescue 89+51" sowie der Polizeihelikopter

„Pirol 802" suchen derweil das Gebiet in Richtung Neuwerk ab, während die *Hannes Glogner* nördlich der Tegeler Rinne und die *Vormann Steffens* sowie *Bernhard Gruben* im Seegebiet Wurster Arm unterwegs sind. Die *Hannes Glogner* findet um 03.10 Uhr nordöstlich der Tonne 6a im Meer treibende Fischkisten.

Eine weitere, für Aufsehen erregende Sichtung wird um 03.25 Uhr von einer der Hubschrauberbesatzungen gemeldet. Demnach habe man auf Position 53° 49,76' Nord, 008° 19,65' Ost ein offenbar leeres und nur zu Dreiviertel mit Luft gefülltes Schlauchboot gesichtet. Es schwimmt, mit einem Treibanker versehen, im Wasser und hat vier Riemen an Bord. Ob es zur *Hoheweg* gehört, ist zunächst ungeklärt.

Keine drei Minuten später heißt es zudem, dass an derselben Stelle auch eine Mastspitze aus den Fluten ragen würde. MRCC Bremen fordert daraufhin um 03.47 Uhr beim Maritimen Lagezentrum in Cuxhaven Taucher an, die während des nächsten Stauwassers eingesetzt werden sollen. Doch der Fund stellt sich als Pricke – ein in den Grund gerammter junger Baum, der als Markierung für die Schifffahrt dient – heraus. Die Seenotleitung Bremen bestellt um 03.55 Uhr die Taucher wieder ab. Bei der herrschenden Witterung wäre ihr Einsatz ohnehin kaum möglich gewesen. Das Wetter verschlechtert sich weiterhin.

Über sechs Stunden dauert der Einsatz bereits, ohne dass die *Hoheweg* oder ihre Besatzung gefunden worden wären. Die ersten Einheiten müssen abdrehen. Sowohl die *Meerkatze* als auch die *Neuwerk* nehmen Kurs auf die Küste und scheiden damit für die Suche zunächst aus. Auch der Polizeihubschrauber „Pirol 802" muss aufgrund von Treibstoffmangel beidrehen. Er hat zuletzt das Gebiet rund um Knechtsand abgesucht. Bei Bedarf wird er jedoch wiederkommen und die Suche fortsetzen. Um 04.20 Uhr ziehen sich dann auch alle Seenotkreuzer in den so genannten Wurster Arm sowie in die Robinsbalje zurück, um dort bis zum Tagesanbruch zu ankern. Nur der Marinehubschrauber „Rescue 89+51“ bleibt noch vor Ort. Er dreht erst um 05.30 Uhr Richtung Kiel ab, will auf Anforderung später aber mit einer frischen Crew zurückzukehren. Auf Anweisung der *Hermann Marwede* hatten die Marineflieger zuvor ein Seegebiet von fünf Meilen Durchmesser rings um die Fundstelle des Schlauchbootes sowie eine Linie von 53° 54’ Nord, 008° 13’ Ost bis zur Schlauchbootposition rechts und links abgesucht.

Der neue Morgen beginnt wettermäßig wie der vergangene Tag endete – mit Starkwind. Die Windgeschwindigkeit liegt nach Informationen der *Hermann Marwede* weiterhin bei sieben Beaufort; die Wellenhöhe beträgt mittlerweile acht Meter. Für die Suche nach der *Hoheweg* und ihrer Besatzung konzentrieren sich die Einheiten an diesem Tag unter anderem auf das Seegebiet Alte Mellum sowie auf die Küstenabschnitte vor Cuxhaven bzw. Wremen. Gegen 07.00 Uhr werden die Koordinaten des heutigen Suchgebietes festgelegt und an RCC Glücksburg übermittelt.

Das RCC teilt mit, dass in Nordholz ein Suchflugzeug vom Typ Bréguet Atlantic BR 1150 vorbereitet werde, um ab 10.00 Uhr zur Verfügung zu stehen. Die Bundesmarine verfügt heute noch über drei der ehemals 14 Seefernaufklärer. Sie werden sukzessive durch neuere Maschinen vom Typ P-3C Orion ersetzt. Die Bréguet Atlantic haben schon mehrmals wertvolle Dienste bei SAR-Einsätzen über See geleistet. Bekannt wurden sie vor allem durch ihre Suchflüge im Zusammenhang mit dem Untergang der *München* im Dezember 1978. Der LASH-Carrier sank in einem Orkan nördlich der Azoren; keines der 28 Besatzungsmitglieder überlebte das Unglück. Zehn Tage waren damals acht Teams und sechs Bréguet Atlantic aus Deutschland im Einsatz, um nach der *München* und ihrer Besatzung zu suchen.

Die Seenotkreuzer nehmen um 07.45 Uhr die Suche wieder auf, und um 08.00 Uhr startet in Nordholz ein Marinehubschrauber vom Typ Sea Lynx MK 88 A, um sich an der Suche nach Überlebenden der *Hoheweg* zu beteiligen. Kurz nach 08.00 Uhr wird außerdem das Maritime Lagezentrum gebeten, die Küste zwischen Wremen und Cuxhaven absuchen zu lassen. Es ist nicht auszuschließen, dass hier Funde des vermissten Kutters angespült worden sind.

Als neue Einheit der DGzRS wird die *Hans Hackmack* in den Einsatz aufgenommen. Die *Hermann Helms* sucht derweil die Wester- und Nordertill ab. *Bernhard Gruben* und *Vormann Steffens* sind im Gebiet Robinsbalje unterwegs, und die *Hermann Marwede* sowie *Hannes Glogner* suchen in der Tegeler Rinne.

Seitens der Bundesmarine befinden sich zum selben Zeitpunkt ein SAR-Hubschrauber vom Typ Sea King MK 41 („Rescue 89+60") sowie ein Suchflugzeug (DO 228 LM, „Rescue 57+01") im Sucheinsatz. Der Sea-Lynx-Helikopter ist noch nicht eingetroffen. Als weitere Luftfahrzeuge werden eventuell eine zweite Sea King, die erwähnte Bréguet Atlantic sowie ein Bundespolizeihubschrauber erwartet. Die für die Deutsche Bucht zuständige Verkehrszentrale in Wilhelmshaven teilt mit, dass man für den 8. November ein Onlineplot für die Zeit zwischen 20.00 und 22.00 Uhr des betreffenden Gebietes erstellen und ans MRCC Bremen faxen werde. Damit wird sich die Suche präzisieren lassen.

Die Polizei sucht mit mehreren Streifenwagen die Küste zwischen Bremerhaven und Cuxhaven ab. Zur Unterstützung wird die Schnell-Einsatz-Gruppe (SEG) der DLRG-Ortsgruppe Cuxhaven um 09.15 Uhr angefordert. Die SEG bekommt den Auftrag, den Küstenabschnitt zwischen Berensch und Spieka abzusuchen. Da der lange Vordeichabschnitt zu groß ist, um ihn allein mit den eigenen Kräften abzugehen, entscheidet sich der Einsatzleiter, weitere Kräfte aus Dorum und dem Landkreis Osterholz anzufordern.

Um 09.54 Uhr wird zum zweiten Mal im Verlauf der Suche die Frage nach Tauchern gestellt. RCC Glücksburg wendet sich deshalb über die Rettungsleitstelle des Landkreises Cuxhaven mit der Frage an die DLRG, ob Einsatztaucher zur Verfügung gestellt werden könnten, die mit einem Hubschrauber der Marine zur vermuteten Unglücksstelle gebracht würden. Die DLRG bestätigt dies, woraufhin RCC Glücksburg 40 Minuten später von MRCC Bremen die genaue Position, an der die Taucher zum Einsatz kommen sollen, wissen möchte. MRCC Bremen teilt die Position mit, doch kurz danach muss ein möglicher Taucheinsatz erst mal wegen der herrschenden Wetterbedingungen verschoben werden.

Gegen 10.10 Uhr beginnen mehrere Suchtrupps unter Beteiligung von drei DLRG-Rettungshunden aus Cuxhaven die Suche zu Fuß am Flutsaum und auf den Salzwiesen, während die beiden Geländewagen die Zubringerdienste übernehmen.

Einen besonderen Fund meldet die Besatzung der um 09.30 Uhr eingetroffenen Sea Lynx („Rescue 83+22") um 10.16 Uhr: Man habe ein Rettungsfloß gesichtet! Aber schon kurz danach wird korrigiert, dass es sich um einen im Wasser treibenden Strandkorb handelt. Anfang November ist das ungewöhnlich. Die Strandkörbe befinden sich zu dieser Zeit im Winterquartier. Und so folgt denn auch um 10.25 Uhr die Korrektur der Korrektur: Es sei doch kein Strandkorb, sondern definitiv ein Rettungsfloß. Es befinde sich im Watt vor Spieka-Neufeld. In der Nähe lägen auch zahlreiche Fischkisten, die ebenfalls von der *Hoheweg* stammen könnten, gibt die Hubschrauberbesatzung über Funk durch. Ein Besatzungsmitglied der Sea Lynx wird mit der Bordwinde hinabgelassen, um das Rettungsmittel zu inspizieren. Es ist leer und unbeschädigt. Die DLRG erhält den Auftrag, das Floß zu bergen und in den nächsten

Die „Wega“ brachte Taucher zur Unglücksstelle.

Sonarbild der „Hoheweg“ auf dem Meeresboden. Das Wrack liegt im 280-Grad-Winkel auf der Steuerbordseite.

Die „Atair“ ist unter anderem speziell für die Wracksuche ausgerüstet. Sie entdeckte die „Hoheweg“ am 15. November 2006.

Hafen zu bringen, um es dort der Wasserschutzpolizei (WSP) zu übergeben. Diese stellt dann anhand der Seriennummer schnell fest, dass es sich eindeutig um das Rettungsfloß der *Hoheweg* handelt.

Auch die *Hans Hackmack* meldet einen Fund. Um 11.17 Uhr gibt sie durch, in der Westertill vermehrt auf Fischkisten und Trümmer gestoßen zu sein.

RCC Glücksburg gibt fast zum selben Zeitpunkt durch, dass die um 09.09 Uhr im Suchgebiet eingetroffene Bréguet Atlantic („Rescue 61+12") bis zirka 14.00 Uhr vor Ort bleiben könne. Der Sea-Lynx-Hubschrauber „Rescue 83+22" ist mit einem Sonargerät ausgestattet und soll das Wrack suchen. Hierfür wird die Besatzung mit ihrer Maschine an den Ort geschickt, an dem Stunden zuvor Ölgeruch festgestellt wurde. Die Crew lässt das Sonargerät aus der fliegenden Maschine ins Meer hinab, muss aber recht schnell ihre Bemühungen einstellen, da die äußeren Umstände ungeeignet sind.

Gegen 10.00 Uhr befindet sich die *Hannes Glogner* in Höhe Tegeler Plate und steuert einen Südkurs. *Vormann Steffens* und *Bernhard Gruben* liegen nördlich des Leuchtturms „Alte Weser" und fahren Richtung Nordwesten. Die *Hermann Marwede* ist wiederum im Westertill und die *Hermann Helms* im Nordertill unterwegs. Sie alle suchen nach vier vermissten Fischern und wissen doch, dass es zu dieser Stunde für die Schiffbrüchigen kaum noch eine Hoffnung gibt. Wassertemperaturen von 10,5 Grad Celsius – ungewöhnlich warm für diese Jahreszeit – hält kein Mensch ungeschützt über so viele Stunden aus.

Um 11.05 Uhr funkt die *Hermann Marwede* an MRCC Bremen, dass die Luftfahrzeuge 60 bis 65 Prozent des Gebietes und die Seeeinheiten den größten Teil des infrage kommenden Areals abgesucht haben. Ein Ende der Suche scheint sich abzuzeichnen. Doch da trifft um 11.50 Uhr von der *Hermann Marwede* die aufsehenerregende Mitteilung ein, dass man von einem der Luftfahrzeuge die Information erhalten habe, wonach auf der Position 53° 47,3' Nord, 008° 26,6' Ost – Höhe Robinsbalje – eine Person mit grünem Pullover im Wasser treibe. Die *Hermann Marwede* steuert die Position umgehend an, ohne etwas zu entdecken. Die Marineflieger haben die vermeintliche Person im Wasser zwischenzeitlich wieder aus den Augen verloren. *Vormann Steffens* und *Bernhard Gruben* nehmen ebenfalls die Suche auf, bleiben schließlich aber erfolglos.

Mittlerweile sind die Sucheinheiten bereits wieder seit vielen Stunden unterwegs, sodass die Flugzeuge und Hubschrauber eine nach der anderen zum Betanken abdrehen müssen. Bei Bedarf werden sie zurückkommen, um die Suche wieder aufzunehmen. MRCC Bremen, RCC Glücksburg und die *Hermann Marwede* als On Scene Coordinator beschließen aber, die Suche maximal bis 14.30 Uhr fortzusetzen.

Der Sea-Lynx-Hubschrauber „Rescue 83+22" überfliegt nochmals mit seinem Sonarsuchgerät das Gebiet, in dem Ölgeruch festgestellt wurde. Die Besatzung berichtet von zwei kurzen Kontakten, kann diese aber nicht näher bestimmen und muss den Einsatz mit Anbruch der Dunkelheit beenden. Auch ein Ölaufklärungsflugzeug ist in dem Gebiet gewesen, ohne etwas entdecken zu können. Eine weitere Untersuchung des Gebiets aus der Luft soll tags drauf ab 09.30 Uhr nochmals durch eine Dornier DO 228 LM aus Nordholz erfolgen.

In der Abschlussmeldung heißt es, dass das gesamte Gebiet durch sechs Luftfahrzeuge und mindestens sechs Schiffe „sehr gründlich abgesucht worden" sei, jedoch ohne dabei Personen gefunden zu haben. Man sei lediglich auf Teile von Bord eines Fischereifahrzeugs gestoßen. Weil um 15.30 Uhr in Cuxhaven Hochwasser erwartet wird, soll in dieser Zeit nochmals ein Luftfahrzeug der Marine den Strandbereich abfliegen. Der Sea-King-Hubschrauber „Rescue 89+68" übernimmt diese Aufgabe von Helgoland aus.

Nachdem nicht mehr zu erwarten ist, Überlebende des Unglücks retten zu können, konzentrieren sich die Bemühungen ab dem 11. November 2006 auf das Wrack. Als erstes wird das Gebiet abgesucht, in dem sich die letzte bekannte Position der *Hoheweg* befindet und wo schlussendlich die EPIRB geborgen wurde. Darüber hinaus patrouillieren auch in den folgenden Tagen verstärkt Streifenwagen der Polizei an der Küste, um landseitig im Watt nach Gegenständen zu suchen, die von der *Hoheweg* stammen.

Die Suche kann sich aber hinziehen. Einige Jahre zuvor gab es einen vergleichbaren Fall, der sich vor der nordfriesischen Küste ereignete. Damals dauerte es rund zwei Wochen, ehe man das vermisste Schiff nach intensivster Suche fand. Es war in einem Schlammloch auf dem Meeresboden versunken. Durch die Schlammschicht, die sich über das Wrack gelegt hatte, konnten die Sucheinheiten keine Sonarsignale empfangen. Erst als die Strömung den Schlamm wegspülte, ortete man das Schiff auf dem Meeresboden.

Für die Suche nach dem Wrack der *Hoheweg* sind die Seenotkreuzer der DGzRS oder SAR-Maschinen der Marine nicht mehr erforderlich. Speziell für solche Aufgaben ausgerüstet ist hingegen die *Atair* – ein Schiff des Bundesamtes für Seeschifffahrt und Hydrographie (BSH). Die *Atair* ist ein Vermessungs-, Wracksuch- und meereskundliches Forschungsschiff, das unter anderem Seitensichtsonar und Fächerlot an Bord hat.

Während das Fächerlot den Boden der See wie eine Harke durchkämmt, macht es das Side-Scan-Sonar möglich, vom Grund des Meeres eine Art Foto anzufertigen. Hierzu werden auf einer bestimmten Frequenz unter Wasser Schallwellen ausgesendet, die ein Hindernis – zum Beispiel ein Wrack – reflektiert. Den so zurückgeworfenen Schall nimmt das Gerät wieder auf und erstellt aufgrund dieser Informationen ein Bild vom Meeresboden und dem Unterwasserhindernis.

Die *Atair* wurde 1986/87 auf der Kröger-Werft in Rendsburg gebaut und am 3. August 1987 in Dienst gestellt. Im Laufe ihrer 20-jährigen Geschichte hatte sie bis Ende 2006 rund 229.000 Seemeilen zurückgelegt und 311 bis dahin unbekannte Unterwasserhindernisse aufgespürt. Sie liefert regelmäßig neue topographische Informationen über die nautisch bedeutsamen Veränderungen in Nord- sowie Ostsee. Unter anderem ist es die Aufgabe des Spezialschiffs, die Wrackpositionen beispielsweise der 1990 zirka hundert Kilometer westlich von Sylt gesunkenen Wohnplattform *West-Gamma*, des 1992 vor der Außenweser untergegangenen RoRo-Frachters *Seki Roulette* und der 1993 östlich von Rügen gekenterten Fähre *Jan Heweliusz* zu überprüfen.

Aufgrund des zunehmenden Winds und Seegangs muss die Suche nach der *Hoheweg* mehrfach unterbrochen werden. Sowohl am 12. November 2006 als auch den folgenden Tagen bleiben die Schiffe wegen orkanartiger Böen über der Deutschen Bucht in ihren Häfen. Nur die Polizei sucht mit Streifenwagen von Land aus die Küste zwischen Cuxhaven und Bremerhaven weiter ab.

Doch am 15. November 2006 beruhigt sich das Wetter. Die *Atair* läuft aus und wird fündig. Auf der Position 53° 55,46' Nord, 008° 02,48' Ost entdeckt ihre Besatzung im Bereich Nordergründe West ein Wrack. Die äußeren Umrisse, die das Sonarbild darstellt, legen die Vermutung nahe, dass es sich um die *Hoheweg* handelt. Um restlose Sicherheit zu haben, müssen aber Taucher das Wrack in Augenschein nehmen. Zunächst lässt *Atair*-Kapitän Burkhard Ahrens nördlich des Wracks als Markierung eine Kardinaltonne setzen. Sie dient den später eintreffenden Tauchern als Orientierungshilfe. Die genaue Position wird zunächst jedoch nicht öffentlich bekanntgegeben. Kapitän Ahrens weiß, dass es genügend Sporttaucher gibt, die meinen, sich ein so prominentes Wrack wie die *Hoheweg* einmal aus nächster Nähe anschauen zu müssen... Eine Vorsichtsmaßnahme, die nicht übertrieben ist, wie sich zeigen wird.

Für die Schifffahrt ist es wichtig zu wissen, wie die Mindestwassertiefe über dem Wrack ist. Um das herauszufinden, müsste die *Atair* ihr bordeigenes Vermessungsboot aussetzen. Das herrschende Wetter gestattet dieses Manöver allerdings nicht. Den Wracksuchern bleibt zunächst kaum etwas anders übrig, als sich zunächst mit Hilfe des Side-Scan-Sonars schon mal ein relativ genaues Bild von den Gegebenheiten unter Wasser zu verschaffen.

Für Tanja Larsen, Ehefrau des vermissten Decksmanns Wolfgang Larsen, ist die Nachricht vom wahrscheinlichen Fund der *Hoheweg* wie eine Achterbahnfahrt der Gefühle. „Ich weiß gar nicht, was ich denken soll", sagt sie in einem Interview. Sie hoffe, dass jetzt die Mannschaft und damit auch ihr Mann gefunden werden. Ein Ende der Ungewissheit würde die Nachricht vom Fund des Wracks aber für sie noch nicht bedeuten. „Erlösung wäre nur, wenn das Schiff von selbst an Land geschwommen käme – mit den lebenden Fischern an Bord."

Endgültige Klarheit darüber, dass es sich tatsächlich bei dem Wrack um die *Hoheweg* handelt, erlangt man am 17. November 2006. Die äußeren Bedingungen an diesem Tag lassen einen ersten Tauchgang zu. Ray Wehlisch und Thies Stahl vom Wracksuchschiff *Wega* machen sich an die Arbeit. Die beiden Taucher des Bundesamtes für Seeschifffahrt und Hydrografie haben einen schweren Job zu erledigen. Die Sicht unter Wasser ist miserabel; sie beträgt lediglich zehn bis 50 Zentimeter. Die Taucher tasten den Schiffskörper, der sich rund anderthalb Meter in den lockeren Meeresboden eingegraben hat, von Hand ab. Dabei identifizieren die erfahrenen Froschmänner das Wrack zweifelsfrei als das der *Hoheweg*. Sie erkennen, dass der

Fischkutter in sieben Meter Tiefe auf der Steuerbordseite liegt. Außerdem bemerken sie am Rumpf, den Aufbauten sowie am Ruderblatt kleinere Beschädigungen. Das Ruder liegt mit zirka 15 Grad nach Steuerbord. Der Vormast scheint intakt zu sein, jedoch fehlen das Scherbrett an der Backbordseite achtern und der Anker auf der Backbordseite vorn. Das Oberdeck, wo sich einst Fischkisten gestapelt haben dürften, ist frei. Auf dem Wetterschutz mittschiffs können die Taucher noch die leere Halterung des Rettungsfloßes und dessen Laschbänder erkennen.

Nachmittags erfolgt ein zweiter Tauchgang. Hierbei inspizieren sie das Ruderhaus, dessen Fenster alle intakt sind. Weil in diesem Bereich aber Netzteile und Leinen schwimmen, wagen es die Männer nicht, ins Innere sowie in die Mannschaftsräume vorzudringen. Sie inspizieren stattdessen den Fahrstand von außen und leuchten mit Lampen durch die Fenster ins Innere. Aufgrund der begrenzten Sicht ist kaum etwas zu erkennen. Die Hoffnung, hier vermisste Besatzungsmitglieder zu finden, erfüllt sich nicht.

Am nächsten Tag sollen Experten der Firma Nordseetaucher Ammersbek, eines Privatunternehmen aus dem Kreis Stormarn, in das Innere der *Hoheweg* vordringen. Doch Wetter und Seegang machen erneut einen Strich durch die Rechnung. Die Wracktaucher stehen bereit und könnten binnen zwölf Stunden am Wrack sein. Sie gelten in der Szene und bei Behörden als erfahrene Experten, die schwierige Aufgaben unter Wasser zu meistern wissen. Unter anderem war die Firma nach eigenen Angaben auch an der Untersuchung der estnischen Fähre *Estonia* beteiligt, die in der Nacht zum 28. September 1994 auf dem Weg von Tallinn nach Stockholm in der Ostsee unterging. 852 Menschen starben damals. Für die *Hoheweg* plant das Unternehmen, mit drei Tauchern zu arbeiten und unter Wasser ein Loch in den Rumpf zu schneiden. Das sei der sicherste Weg, um ins Innere des Wracks zu gelangen.

Die Wracktaucher der Firma Nordseetaucher müssen sich bis zum 25. November 2006 gedulden, ehe die Bedingungen günstig genug erscheinen, um an einen Tauchgang zu denken. Sie werden mit dem Polizeiboot *Bremen 3* vom Bremerhavener Geeste-Vorhafen zur *Hoheweg* hinausgefahren. Um 09.30 Uhr treffen sie an der Unglücksstelle ein. Doch der Wind frischt auf. Die Wellenhöhe beträgt bereits 1,20 Meter – zu viel, um zur *Hoheweg* vorzudringen. Unverrichteterdinge kehrt das Team deshalb nach Bremerhaven zurück.

Vier Tage später – in der Nacht zum 29. November 2006 – sind die Bedingungen wieder günstiger. Diesmal können Bergungstaucher bis zum Fischkutter vordringen, stoßen hier aber auf erhebliches aufgeschwommenes Netzmaterial. Während zwei weiterer Tauchgänge am selben Tag sollen die Netze beseitigt werden. Die Wellenhöhe nimmt aber schon wieder zu; das Vorhaben muss abgeblasen werden. Ob sich noch jemand der Besatzung im Fahrstand befindet, bleibt weiter ungeklärt. Um Näheres zu erfahren, wird man die Bergung abwarten müssen. Hierauf richten sich jetzt alle Bemühungen. ◀

Spekulationen und Erinnerungen

▶ Mindestens 1700 so genannte Unterwasserhindernisse gibt es in der deutschen Nord- und Ostsee. Die Deutsche Bucht ist dabei eines der gefährlichsten und am stärksten befahrenen Seegebiete. Karten, die die Position havarierter Schiffe in dieser Region darstellen, machen deutlich, wie viele Unglücke sich hier im Laufe der zurückliegenden Jahrhunderte ereignet haben müssen. Allein im Jahr 2006 spürten die Schiffe des Bundesamtes für Seeschifffahrt und Hydrografie 33 bis dahin unbekannte Hindernisse unter Wasser auf, 26 davon wurden von der *Atair* entdeckt.

Im Zusammenhang mit einer „kleinen Anfrage" im Deutschen Bundestag zur Sicherheit in der Deutschen Bucht und dem Schutz des Ökosystems Wattenmeer informierte 1995 die damalige Bundesregierung darüber, dass „im Bereich der Deutschen Bucht nach seeamtlichen Angaben im Zeitraum von 1950 bis 1980 zwölf Schiffsuntergänge und 25 Strandungen registriert worden" seien. „Im Zeitraum von 1981 bis Ende 1994 haben sich 19 Schiffsuntergänge, davon zwölf Fischkutter und fünf Sportfahrzeuge, sowie 16 Strandungen, davon fünf Fischkutter und zwei Sportfahrzeuge, ereignet."

Weil es im Falle der *Hoheweg* das Wetter und der Seegang lange Zeit unmöglich machen, das Wrack zu inspizieren, tauchen schnell Gerüchte auf. Bereits am Tag nach dem Untergang soll mittags auf einer Sandbank im Suchgebiet ein lebloser Körper gesichtet worden sein. Bevor man den Fund aber hätte inspizieren und bergen können, wäre er von der Flut wieder fortgespült worden, berichten einige Medien. Die Wasserschutzpolizei kann einen solchen Vorfall nicht bestätigen.

Auch die Vermutung, dass eine „Monsterwelle" das Schiff in die Tiefe gerissen habe, wird kolportiert. Beispielsweise wird in der regionalen Nachrichtensendung von Radio Bremen – „Buten un Binnen" – am 9. November 2006 berichtet, dass „eine große Welle (...) möglicherweise das Schiff zum Kentern gebracht" habe. Die Bild-Zeitung illustriert das Ganze sogar mit einer passenden Grafik. Fachleute stufen diese Theorie aber umgehend als sehr unwahrscheinlich ein, da es hierfür gar keine Hinweise gibt. Ende März 2007 stellt dann eine Tageszeitung sogar die rhetorische Frage, ob die *Hoheweg* womöglich durch einen Torpedotreffer versenkt worden sein könnte. Demnach soll der Kutter im Rahmen von Übungen der Bundesmarine von einem Unterwassergeschoss getroffen und dadurch so schwer beschädigt worden sein, dass er unterging. Der entsprechende Torpedo sei dann zwei Tage nach dem Untergang auf Helgoland angespült worden.

Diesmal ist es vor allem an der Bundesmarine, diesen Vorwurf zu dementieren. Zum einen würden solche Übungen gar nicht in diesem Seegebiet abgehalten. Zum anderen hätten Schießübungen mit Torpedos bei der herrschenden Witterung keinen Sinn ergeben. „Zum Unglückszeitpunkt waren keine unserer Einheiten im besagten Gebiet", wird Fregattenkapitän Baldur Bardischewski in Zeitungen zitiert. Den vermeintlichen Torpedofund können die Behörden in Niedersachsen und Schleswig-Holstein auch nicht bestätigen.

Schnell ausgeräumt werden kann auch die Vermutung, dass in der Nordsee entsorgte Munition aus dem Zweiten Weltkrieg bei dem Unglück eine Rolle gespielt haben könnte. Richtig ist, dass am Ende des Krieges schwerpunktmäßig vor der niedersächsischen Küste Munition in der Nordsee entsorgt wurde. Dr. Stefan Nehring, Leiter des Koblenzer Gutachterbüros „AeT Umweltplanung", schätzt, dass bis heute immer noch rund 300.000 Tonnen dieses gefährlichen Schrotts innerhalb der Zwölf-Seemeilen-Zone liegen.

1971 wurde offiziell mit der Minensuche vor der westdeut-

DRAMA VOR HELGOLAND
VIER SEELEUTE TOT?

MONSTERWELLE schluckte Fischkutter

Er war an Bord

DER GESUNKENE FISCHKUTTER VOR HELGOLAND, ES GIBT EINEN UNGEHEUERLICHEN VERDACHT

Versenkte ein Torpedo die Hoheweg?

Sie starben

Kurz nach dem Untergang wurde über die Unglücksursache viel spekuliert. Hier zwei Beispiele aus der Bild-Zeitung.

schen Küste aufgehört, doch als „minenfrei" gilt die Küste deshalb keineswegs. Laut Dr. Nehring mussten zwischen 1993 und 1997 „an der deutschen Nordseeküste noch mehr als 60 Seeminen geräumt beziehungsweise als ‚Strandgut' beseitigt werden".

Neben Unfällen durch Selbstdetonation kommen gelegentlich auch Zwischenfälle im Zusammenhang mit der Fischerei vor. Der Koblenzer Wissenschaftler zitiert eine niedersächsische Pilotuntersuchung, wonach heute „ein einziger Küstenfischer innerhalb einer ‚guten' Fangsaison mehr als 3000 Kilogramm Munition aller Art in seinen Netzen finden kann".

Bis in die 60er Jahre seien nach Informationen Dr. Stefan Nehrings mindestens fünf Fischkutter durch Weltkriegsmunition im Netz oder an Deck versenkt worden. Die *Hoheweg* – das scheint festzustehen – wird in diese Liste nicht aufgenommen werden. Die Taucher haben bei ihrer Inspektion am Wrack keinerlei Hinweise finden können, die diesen Verdacht nahelegen würden.

Derweil wird bekannt, dass die Frau des vermissten Sassnitzer Fischers Wolfgang Larsen gegenüber der Ostsee-Zeitung indirekt Vorwürfe gegen den Kapitän erhoben hat. Tanja Larsen berichtet von dem Telefonat, das sie kurz nach Auslaufen mit ihrem Mann führte. Dabei habe er von „sehr starkem Wind bei der Ausfahrt" gesprochen. Offensichtlich haben er und vielleicht auch andere Besatzungsmitglieder versucht, Kapitän Sven Hullmann vom Auslaufen abzuhalten. Dieser hätte aber darauf bestanden, berichtete Larsen seiner Frau. „Wolfgang war plötzlich so komisch, als ob er nicht reden wollte", zitiert die Ostsee-Zeitung sie. Da die Frau ihn danach telefonisch nicht mehr erreichen konnte, vermutet sie, dass sich ihr Mann hingelegt hatte und in seiner Kammer vom Untergang überrascht wurde.

„Es muss geklärt werden, wieso ein so junger Kapitän dieses Risiko auf sich genommen hat und so offensichtlich die ganze Mannschaft und das Schiff in Gefahr gebracht hat", gibt die Zeitung Tanja Larsen wieder. Sie fordert eine rückhaltlose Aufklärung des Unfalls.

In einem Leserbrief derselben Zeitung wird allerdings auch Partei für den Schiffsführer ergriffen. Demnach sei er ein sehr gewissenhafter Mann gewesen, der das Revier, in dem er unterwegs war, gut gekannt hätte.

Auch Dirk Sander, Vorsitzender des Verbandes der kleinen Hochsee- und Küstenfischerei, wird in diesem Zusammenhang als Fürsprecher des *Hoheweg*-Kapitäns erwähnt. Seiner Meinung nach habe der Unfall nichts mit Leichtsinn zu tun. So etwas könne auf See genauso geschehen wie Unfälle im Straßenverkehr. Die Kutterfahrer aus Ostfriesland seien schon lange von schweren Unglücken verschont geblieben. Dirk Sander erinnert aber in dem Interview an Unglücksfälle mit Fischkuttern, die sich vor 20 Jahren in der Accumer Ee oder vor 30 Jahren vor Spiekeroog ereignet hätten. Damals seien zwei Menschen ums Leben gekommen.

Einen ähnlich positiven Eindruck von der *Hoheweg* dürfte vermutlich auch jeder, der den Fischkutter flüchtig kannte, gehabt haben. Dass bautechnische Gründe den Verlust des Schiffes verursacht haben könnten, erscheint zunächst ziemlich unwahrscheinlich. Externe Faktoren oder die Verkettung unglücklicher Umstände dürften naheliegender sein.

Mit 26,6 Meter Länge, 6,64 Meter Breite und einer Seitenhöhe von 3,58 Metern hatte die *Hoheweg* zweifellos Maße, die sowohl für Einsatzgebiet als auch -zweck angemessen waren. Ebenfalls war die Hauptmaschine – ein Acht-Zylinder-Viertakt-Linksmotor von Klöckner-Humboldt Deutz, Typ SB A 8M528 – für den geplanten Einsatzzweck gut dimensioniert. Das Aggregat erbrachte 412 kW (520 PS), war jedoch auf 221 kW gedrosselt, was eine Dienstgeschwindigkeit von zehn Knoten bedeutete.

Ihre größte bauliche Veränderung erlebte die *Hoheweg* in den Jahren 2003/2004, als man aus dem ursprünglichen Seitentrawler einen Heckfänger machte. Eine technisch anspruchsvolle Aufgabe, die viel Sachverstand verlangt, da solche Arbeiten in der Regel einen erheblichen Einfluss auf die Stabilität eines Schiffes haben können.

Weil bei der geplanten neuen Fangmethode mit drei Kurrleinen und zwei Netzen (statt wie zuvor mit zwei Kurrleinen und nur einem Netz) gearbeitet werden sollte, wurde auf dem Poopdeck hinter dem Ruderhaus eine gebrauchte Netzwinde mit zwei Trommeln und Aussetzvorrichtung angebracht. Die Winde soll bei einer dänischen Abwrack-Werft gekauft worden sein. Die Scherbretter wurden über Poopdeckhöhe sowohl

Backbord als auch Steuerbord achtern an der Reling gestaut. Hierfür wurden ebenfalls neue Halterungen angebracht. Die alte Kurrleinenwinde mit zwei Drahttrommeln und einer Netztrommel stand in Längsschiffrichtung auf dem Hauptdeck und wurde durch eine Winde in Querschiffsrichtung mit drei Trommeln, Hydraulikanlage und Fundamenten ersetzt.

Durch die veränderte Fangmethode war es erforderlich, auf dem Backdeck zusätzliche Rollen und Umlenkungen auf Stahlfundamenten für das Fanggeschirr zu installieren. Hinten, in Höhe des Hauptdecks, wurde eine zirka 1980 angebaute, als Schleppwagen benutzte schwere Stahlschiene entfernt sowie das auf dem Hauptdeck nach dem Krängungsversuch von 1974 installierte Fischverarbeitungsmaterial und die Schlachtmaschine aufgebaut.

Unter dem Wetterschutz auf der Backbordseite wurde im Bereich der Fischluken eine neue Fischverarbeitungsanlage installiert. Diese bestand aus Förderbändern, Waschtrommel, Wasserbehälter und Schlachttisch. Von Bord genommen wurden alle Holzbretter der Fischhocken.

Um weniger Trockeneis auf eine Fangreise mitnehmen zu müssen, ließ der Eigner unter der Back ein Kühlaggregat sowie Kühlschlangen in der zweiten Fischluke einbauen. Das Poopdeck wurde verlängert, die Schanz an der Steuerbordseite mit einer Stahlplatte zugeschweißt und der dortige, jetzt nicht mehr benötigte Scherbrettgalgen entfernt. Die Reling auf dem Poopdeck wurde mit Blechen verkleidet und die Rettungsinsel vom Poopdeck auf das Wetterschutzdeck vor dem Ruderhaus umgesetzt. Auch das Schlauchboot wurde vom Poopdeck entfernt und stattdessen auf dem Peildeck gestaut.

Dass diese Arbeiten an der Pier in Brake von angeheuerten Schweißern und nicht in einer dafür geeigneten Werft erfolgten und weder vom Germanischen Lloyd noch von der See-BG beaufsichtigt wurden, dürften bis zum Untergang der

Generalplan der „Roswitha“ (spätere „Hoheweg“) zum Zeitpunkt des Baus im Jahre 1973.

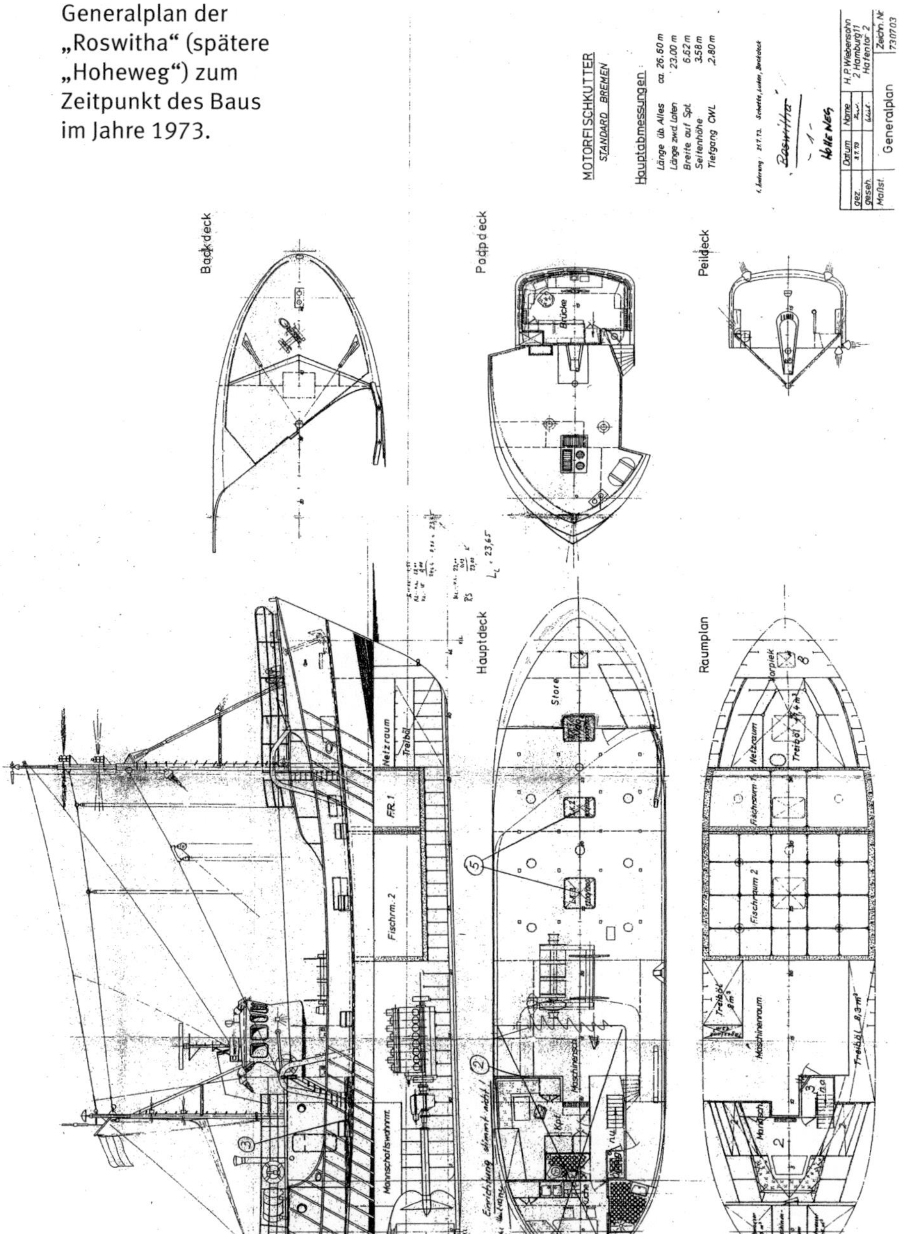

Hoheweg und den sich daran anschließenden Untersuchungen nur wenige gewusst haben. Und sie fielen offenbar auch bei behördlichen Inspektionen gar nicht auf: So führte die See-BG in den Jahren 2003 und 2005 – also sowohl vor als auch nach den Umbauten – Schiffsbesichtigungen auf der *Hoheweg* durch. Der Inspizient der See-Berufsgenossenschaft konnte sich anscheinend nicht mehr an den letzten Zustand des Fischkutters erinnern. Weil auch aus den Akten über die durchgeführten Arbeiten nichts zu entnehmen war, dürfte die Frage, ob seit der letzten Begehung Umbauten vorgenommen worden seien, routinemäßig erfolgt sein. Laut Bericht der Bundesstelle für Seeunfalluntersuchung (BSU) sei diese jedenfalls seitens der Schiffsleitung „ausdrücklich verneint worden".

Auch was die Sicherheitstechnik des Kutters anging, dürften die meisten, die die *Hoheweg* aus dem Braker Hafen kannten, einen guten Eindruck gehabt haben. Funktechnisch war sie mit einer fest eingebauten UKW-Sprechfunkanlage sowie einer GW-Sprechfunkanlage der Firma Sailor ausgestattet. Außerdem befanden sich zwei GMDSS-Not-Handfunkgeräte vom Typ Axis 30 der Firma Navico an Bord. Deren Halterungen waren am Niedergang. Die Funkanlage war letztmals am 1. Juni 2005 in Bremerhaven von der BSH begutachtet und freigegeben worden. Das Funksicherheitszeugnis war bis zum 31. Juli 2010 gültig.

Das an Bord befindliche Rettungsfloß der Firma Autoflug war zuletzt im August 2006 inspiziert worden. Wie sich herausstellte, aktivierte sich das Floß beim Untergang durch den Wasserdruckauslöser von allein. Als man das Rettungsmittel im Watt fand, war es noch fast vollständig aufgeblasen. Außen hing die zirka 23 Meter lange Abreißleine, die den automatischen Füllmechanismus der Pressluftanks aktiviert hatte. Ob das Rettungsfloß von einem der Besatzungsmitglieder erreicht werden konnte, ließ sich nicht mehr feststellen. Die bei seinem Auffinden in der Nähe treibenden, verpackten Notsignale wurden wahrscheinlich erst zu einem späteren Zeitpunkt aus dem Inneren des Floßes gespült.

Als „Erbsenzählerei" betrachten manche Praktiker die Kritik der BSU, die im Rahmen ihrer Untersuchungen zu diesem Schiffsunglück bemerkte, dass die aufgefischten Rettungsringe entweder nur mit dem Schriftzug „Brake" oder gar nicht gekennzeichnet gewesen seien. Dies sei ein Verstoß gegen Paragraph 286 UVV See, wonach Rettungsringe sowohl mit dem Schiffsnamen als auch mit dem Heimathafen zu kennzeichnen seien. Im Zusammenhang mit der Suche nach den Schiffbrüchigen hätte eine korrekte Beschriftung den Helfern aber geholfen. Zum einen wäre man sicher gewesen, wirklich einen Rettungsring der *Hoheweg* gefunden zu haben. Zum anderen hätten die Fachleute dann anhand von Auffindposition, Strömung, Wind und Seegang die vermutliche Untergangsstelle genauer eingrenzen können. Bei mehreren Besichtigungen durch die See-BG wurden die nicht ausreichend beschrifteten Rettungsringe jedes Mal angemahnt, letztmals am 21. Juni 2005. Eine Kontrolle am 20. Juli desselben Jahres ergab dann offenbar, dass die Ringe jetzt den Vorschriften entsprachen.

Vorschrift sei es laut BSU auch, dass zwei der vier Rettungsringe an Bord der *Hoheweg* mit Nachtlichtern und die anderen beiden mit einer 28 Meter langen Leine hätten versehen sein müssen. Keiner der Ringe wies diese Dinge auf. Die Nachtlichter fand man nach der Bergung des Kutters in der Kapitänskammer. Möglichkeiten, die Rettungsringe griffbereit an Deck oder in der Nähe des Ruderhauses zu verstauen, fand man bei der Untersuchung des Wracks nicht. Stattdessen wurden zwei Automatik-Rettungswesten und mehrere Feststoffrettungswesten entdeckt. Sie waren zwar alle funktionstüchtig, aber – genau wie die Rettungsringe – nicht beschriftet.

Offiziell hätten sich laut BSU auch vier Überlebensanzüge

der Firma HellyHansen an Bord befinden müssen. Die See-BG hatte am 21. Juni 2005 noch bemängelt, dass die Lichter dieser Anzüge erneuert werden müssten. Im Rahmen einer Kontrolle einen Monat später wurde dieser Punkt als erledigt verzeichnet. Nach der Bergung der *Hoheweg* fand man keinen einzigen dieser Anzüge an Bord. Ordnungsgemäß hätten sie in der Kapitänskammer aufbewahrt werden müssen. Sie tauchten aber auch später nicht auf.

Zunächst bleiben diese Kritikpunkte der Bundesstelle für Seeunfalluntersuchung der Öffentlichkeit unbekannt. Deshalb rätseln die an diesem Fall Interessierten, was die eigentliche Ursache des Untergangs gewesen sein könnte. Dabei werden Erinnerungen an Unfälle von Fischereifahrzeugen in den zurückliegenden Jahren wieder wach. So zum Beispiel die Kollision zwischen dem Fischkutter *Liebe* und dem deutlich größeren Motorschiff *Gina-R.* im Fehmarnbelt. Der Seeunfall ereignete sich am 14. Februar 2003 westlich von Puttgarden. Auch damals waren die Witterungsbedingungen alles andere als optimal, und das Seegebiet, in dem sich der Fischkutter befunden hat, gilt genau wie die Alte Weser als stark befahren.

Die *Gina-R.* befand sich damals auf der Reise von Amsterdam in den Niederlanden nach Kalmar in Schweden, als gegen 10.00 Uhr morgens das Frachtschiff mit seinem Bug mittschiffs gegen den Kutter stieß und schweren Schaden verursachte.

Nachdem die *Gina-R.* den Nord-Ostsee-Kanal bei Kiel verlassen hatte, war die Sicht aufgrund von Nebel stark eingeschränkt. Die Sichtweite betrug anfangs 100 Meter und verringerte sich bis auf 50 Meter, sodass die Geschwindigkeit von 9 auf 7,5 Knoten reduziert werden musste. Außerdem wurden „Achtung“-Signale gegeben.

Der Fischkutter *Liebe* war seit dem 11. Februar 2003 auf

Fangreise. Zuerst fischte man in der Howachter Bucht, später dann vor Fehmarn. Am 14. Februar – dem Tag des Unglücks – wurde das Netz morgens gegen 07.00 Uhr ausgebracht. Zwei Stunden später verschlechterte sich die Sicht zunehmend. Der Nebel wurde dichter. Der Kapitän des Kutters beorderte deshalb einen seiner beiden Matrosen zu sich auf die Brücke. Zwei Radargeräte zeigten alle Hindernisse in diesem Seegebiet auf. Die Männer erkannten ein Schiff von Westen kommend, das aber noch zirka drei Seemeilen entfernt war. Es machte keine Anstalten, seinen Kurs zu ändern oder die Fahrt zu verlangsamen. Geradewegs lief es auf die Backbordseite des Fischkutters zu.

Der Kapitän des Frachters ahnte hiervon nichts. Er gab Anweisungen, an Deck einen Ausguck zu besetzen, das Ankergeschirr klarzumachen und das Radar zu beobachten. Hier war außer einer einlaufenden Fähre in Puttgarden und einer Tonne im Fischschutzgebiet nichts zu sehen. Der deutsche Kapitän wusste nicht, dass unmittelbar vor seinem Vorsteven ein Holzkutter querte. Das Fischereifahrzeug habe weder ein Echo auf dem Radarschirm erzeugt noch hätte man ein Schallsignal oder Warnruf auf dem UKW-Kanal 16 empfangen, gab er später zu Protokoll.

Als die Entfernung zwischen Kutter und Frachter nur noch eine halbe Seemeile betrug, gab der Kapitän des Fischkutters das Nebelsignal lang-kurz-kurz als Zeichen für ein schleppendes Fischereifahrzeug. Auch dies führte beim Frachter zu keiner Kurskorrektur. Als letzte Maßnahme stellte der Kapitän des Kutters die Maschine auf Volle Fahrt Voraus und hoffte, so einem Zusammenstoß zu entgehen. Vergeblich.

Mit einem lauten, knirschenden Geräusch bohrte sich der Bug der *Gina-R.* in die Backbordseite der *Liebe* und verkeilte sich mit deren Ruderhaus. Es bestand die akute Gefahr, dass das Fischerboot untergefahren würde. Die drei Besatzungsmitglieder des Fischkutters kletterten deshalb Hals über Kopf über den Steven des Frachters an Bord und brachten sich so in letzter Minute in Sicherheit. Zeit, die Maschine auszukuppeln, war ihnen nicht mehr geblieben. Deshalb fuhr ihr Kutter mit voller Fahrt und ausgebrachtem Schleppnetz weiter. Die *Liebe* verschwand sogleich im Nebel. Sie musste eine Runde nach Steuerbord gemacht haben, denn wenige Augenblicke später tauchte sie – immer noch mit voller Fahrt – wieder aus dem Nebel auf und hielt auf den Maschinenraum des Frachtschiffs zu. Der Kapitän ließ daraufhin ein so genanntes Vorausmanöver fahren, wodurch er sein Schiff vor einer erneuten Kollision mit dem Fischkutter in Sicherheit brachte.

Die *Liebe* passierte die *Gina-R.* zirka eine halbe Seemeilen hinter dem Heck und tauchte wieder in den Nebel ein. Die Maschine des Frachtschiffs wurde gestoppt, doch etwa zum selben Zeitpunkt muss sich die Schleppleine der *Liebe* im Propeller oder am Ruder des größeren Schiffs verfangen haben. Dadurch wurde die *Gina-R.* zunächst langsam nach achteraus geschleppt. Nur durch Fallenlassen des Steuerbordankers und drei Längen Kette konnte sowohl der Frachter als auch der Fischkutter gestoppt werden.

Um 10.50 Uhr erreichte das Seenotrettungsboot *Emil Zimmermann* die Unglücksstelle. Seine Besatzung brachte die drei Fischer zu ihrem Kutter zurück. Hier stellte man fest, dass im Fischraum ein halber Meter Wasser stand. Weil die Hydraulikleitungen gerissen waren, konnte das Fanggeschirr nicht mehr eingeholt werden. Die Schleppleine wurde gekappt. Vom Seenotrettungsboot erhielt man eine zusätzliche Lenzpumpe, sodass sich der Kutter über Wasser halten konnte. Eskortiert durch die Seenotretter erreichte die *Liebe* gegen 13.45 Uhr ihren Heimathafen Heiligenhafen.

Bei einer genaueren Inspektion der Schäden wurden an Bord der *Liebe* Beschädigungen an der Backbordseite, im

Vordersteven und Steuerhaus festgestellt. Hierdurch war ein längerer Werftaufenthalt erforderlich. An der *Gina-R.* waren kaum Schäden nachzuweisen. Der Frachter trug drei kleinere Einkerbungen sowie Farbabrieb am Vordersteven davon. Mehr nicht.

Die Bundesstelle für Seeunfalluntersuchung kam seinerzeit zu dem Schluss, dass „beide Schiffsführer nicht alle ihnen gegebenen Möglichkeiten" nutzten, „um einen vollständigen Überblick über die Lage und die Möglichkeiten der Gefahren eines Zusammenstoßes zu erhalten". Ob alle Schallsignale gegeben und gehört wurden, konnte nicht mehr rekonstruiert werden. Ein technisches Versagen der Navigationsgeräte sowie Hilfsmittel war jedenfalls nicht festzustellen. „In der Nahbereichslage und Ortung lediglich durch Radar hätten beide Schiffe frühzeitig Gegenmaßnahmen ergreifen müssen", so die BSU.

Verlief diese Kollision noch relativ glimpflich, forderte der Zusammenstoß der beiden Fischkutter *Grietje Bos* und *Gretje Gre8* am 11. Juni 2004 in der Nähe von Borkum ein Todesopfer.

Die niederländische *Grietje Bos* und die deutsche *Gretje Gre8* stießen nachts gegen 02.30 in Höhe der Tonne 13 auf der Seeschifffahrtsstraße Ems zusammen. Die *Gretje Gre8* hatte zu diesem Zeitpunkt zwei Schleppnetze ausgebracht und fuhr mit rund dreieinhalb Knoten. Der Kapitän war allein auf der Brücke. Seine beiden Besatzungsmitglieder – ein Decksmann und ein Lehrling – hatten sich in ihre Kojen zurückgezogen.

Die niederländische *Grietje Bos* war seit dem 7. Juli auf Fangreise in der Nordsee unterwegs gewesen und befand sich auf dem Weg nach Eemshaven. Seit kurz nach Mitternacht war der Kapitän des niederländischen Schiffs allein auf der Brücke. Er hatte den Autopiloten eingeschaltet und seiner Meinung nach alle erforderlichen Verkehrsüberwachungssysteme an Bord laufen. Dennoch tauchte für ihn wie aus dem Nichts plötzlich an Steuerbord die *Gretje Gre8* auf. Der niederländische Fischer schaltete daraufhin sofort den Autopiloten ab, übernahm sein Schiff mit Handruder und wollte Fahrt achteraus geben, als er schon mit dem deutschen Fischereifahrzeug zusammenstieß. Vom ersten Blickkontakt bis zur Kollision vergingen schätzungsweise nur zehn bis 20 Sekunden.

Der erste Aufprall erfolgte achtern an der Ecke des Backbord-Heckspiegels. Die *Gretje Gre8* kenterte daraufhin und wurde von der *Grietje Bos* komplett überfahren. Entsprechende Beschädigungen am Unterwasserschiff des niederländischen Fischereifahrzeugs legen diese Vermutung nahe. Sodann tauchte die *Gretje Gre8* kieloben treibend wieder auf.

Die *Grietje Bos* hatte zunächst auf VHF-Kanal 18 Borkum Radar angesprochen und wenig später sowohl auf Deutsch als auch Englisch einen Mayday-Ruf abgesetzt. Außerdem informierte man Ijmuiden Radio auf VHF-Kanal 16 über eine Kollision mit einem Fischkutter zwischen den Tonnen 11 und 13 bei Borkum. Als Borkum Radar die Niederländer rief, gab der Kapitän später zu Protokoll, habe er sofort um Taucher gebeten.

Der Kapitän der *Gretje Gre8* hatte seine schlafenden Besatzungsmitglieder mit einem Hubzeichen geweckt und das fremde Schiff mittels Typhon-Signal zu warnen versucht. Die beiden Männer unter Deck wussten nicht, in welcher Gefahr sie sich befanden, und dachten zunächst, es gäbe irgendetwas an Deck zu erledigen. Kaum, dass sie noch schlaftrunken aufgestanden waren, kollidierten die Schiffe und sie wurden von der Wucht zurückgeschleudert. Unmittelbar danach drehte sich das Schiff um die eigene Achse, und sie verloren die Orientierung.

Die Besatzung der *Grietje Bos* leuchtete mit starken Scheinwerfern auf den havarierten Kutter, der immer stärkere Schlagseite erhielt und schnell kieloben im Wasser trieb. Die niederländischen Fischer konnten den Wellentunnel der *Gretje Gre8* sehen, der aus den Fluten emporragte.

Man setzte ein Beiboot aus und versuchte, ein 60 Meter langes und 13 Millimeter starkes Stahlseil an dem gekenterten Kutter zu befestigen. Dies gelang aber erst, als das deutsche Lotsenboot *Kapitän Bleeker* eintraf und einige seiner Leute mit einem Tender zur *Gretje Gre8* hinüberbrachte. Durch die Seilverbindung hob sich das Vorschiff wieder etwas nach oben. So konnten kurz hintereinander der Decksmann und der Lehrling der *Gretje Gre8* gerettet werden.

Die Beiden waren für zirka anderthalb Stunden in ihrer Kajüte eingeschlossen gewesen und überlebten nur dank einer Luftblase. Da sie komplett die Orientierung verloren hatten, wussten sie nicht, wo sie sich befanden. Erst als sich das Schiff wieder etwas bewegte, drang von außen Licht durch die Bullaugen ins Innere und sie konnten sich orientieren. Der Decksmann fand schließlich die Kajütentür, öffnete diese und schickte den Lehrling voran. Dieser tauchte, und weil er nach einiger Zeit nicht wiederkam, folgte ihm der Decksmann. Die Besatzung der *Kapitän Bleeker* nahm sie an Bord. Der Kapitän des deutschen Kutters konnte sich allerdings nicht mehr retten. Ihn fanden Taucher drei Tage später tot im gesunkenen Wrack. Die *Gretje Gre8* trieb zirka zwei Stunden kieloben, ehe so viel Wasser durch die Lüfter eingedrungen war, dass sie sank.

Die Bundesstelle für Seeunfalluntersuchung stellte in ihrem Untersuchungsbericht zur Unglücksursache fest, „dass der deutsche FK *Gretje Gre8* von dem holländischen FK *Grietje Bos* mit dem Radar hätte wahrgenommen werden müssen. Die optische Sicht ist schiffbaulich allerdings so eingeschränkt, dass es denkbar erscheint, den Kutter übersehen zu können“. Dem niederländischen Kapitän der *Grietje Bos* wurden seitens der BSU schwere Versäumnisse und eine mangelnde Sorgfalt, unter anderem in Bezug auf den Betrieb seiner Radaranlage sowie was Überhol- und Kollisionsverhütungsmanöver angeht, vorgeworfen.

Ein weiterer schwerer Seeunfall ereignete sich im Jahre 2004 nach einem Feuer an Bord des Fischkutters *Harmonie.* Das Boot befand sich am 2. August des Jahres nachts gegen 01.00 Uhr nördlich von Baltrum auf der Position 53° 45' Nord, 007° 23' Ost beim Krabbenfang, als es im Maschinenraum und Ruderhaus zu einem Feuer kam. Der Schiffsführer erlitt hierbei schwere Verbrennungen und dürfte sein Leben nur durch einen beherzten Sprung über die Reling gerettet haben. Dadurch konnte er die Flammen an seinem Körper löschen. Der Decksmann bekämpfte das Feuer erfolgreich und sorgte so dafür, dass sich der Schaden in Grenzen hielt.

Wie der Schiffsführer später aussagte, habe er eine Verschraubung am undichten Ölfilter nachziehen wollen. Dabei sei die Schraube abgebrochen, und es sei sofort zu einer Brandexplosion gekommen. Der Decksmann hätte ihm, nachdem er ins Wasser gesprungen war, einen Rettungsring zugeworfen und ihn wieder an Bord geholt. Danach kümmerte sich der Decksmann um die Brandbekämpfung und brannte eine rote Handfackel als Notfallzeichen ab. Der Seemann musste hierfür in das brennende Ruderhaus, um die Fackeln und das Erste-Hilfe-Material zu holen.

Die BSU stellte später fest, dass schon vor dem Versuch des Schiffsführers, die undichte Stelle zu reparieren, Öl ausgetreten und sich an der heißen Maschine stark erhitzt bzw. in Brand geraten sein musste. Da der Ölaustritt über mehrere Stunden erfolgt sein dürfte, hatte sich zudem ein explosionsfähiges Gasgemisch im Maschinenraum gebildet. Nachdem nun der Schiffsführer in den Maschinenraum gestiegen war und hierfür den Deckel des Niederganges öffnen musste, drang von außen Sauerstoff in den Raum. Daraufhin kam es offenbar zu einer schlagartigen Verpuffung des Ölnebel-Gasgemischs. Dabei entwickelten sich Temperaturen von rund 1100 Grad Celsius. Insofern hatten sowohl der Schiffsführer als auch der Decksmann sehr viel Glück, diese Verpuffung überlebt zu haben.

Ein Jahr zuvor war es am 30. Juli 2003 in der Hafeneinfahrt von Norddeich zu einem schweren Unglück mit einem Fischkutter gekommen. Damals lief die *Neptun* von See kommend morgens gegen 07.40 Uhr in den Hafen ein, als der Kutter beim Passieren der Fähre *Frisia IV* plötzlich eine Grundberührung hatte. Das Schiff kenterte daraufhin zur Steuerbordseite und blieb anschließend auf der Seite liegen. Die beiden Besatzungsmitglieder konnten über Bord springen und sich in Sicherheit bringen. Der Unfall ereignete sich nur 400 Meter vom Molenkopf entfernt.

Die *Neptun* hatte Norddeich tags zuvor verlassen, um Seezungen zu fangen. Zwischen 21.00 Uhr und 05.00 Uhr am nächsten Morgen wurden die Netze im Abstand von zwei Stunden zum Entleeren gehievt. Insgesamt holten der 56-jährige Kapitän und Eigner zusammen mit seinem Decksmann dabei zirka 100 Kilogramm Seezungen aus dem Meer. Gegen 06.20 Uhr lief man Norderney an, um hier etwa die Hälfte des Fangs zu verkaufen. Mit dem Rest machten sich die Männer auf den Weg nach Norddeich, dessen rund eine Seemeile langen Hafenschlauch man gegen 07.25 Uhr erreichte.

Später sagte der Kapitän der *Neptun* aus, er habe aufgrund des Niedrigwassers seine Geschwindigkeit auf drei bis vier Knoten reduzieren müssen. Dann hätte er voraus die *Frisia IV* gesehen und sei davon ausgegangen, dass die Fähre wegen des niedrigen Wasserstandes entweder im Hafen verbliebe oder mit nur geringer Maschinenleistung in den Kanal einfahren würde. Nach Aussage des Fischers war dies jedoch nicht der Fall. Im Gegenteil, die Fähre sei mit großer Hecksee in den Hafenschlauch eingefahren. Wegen ihres Tiefgangs hätte die *Neptun* in der Mitte des Fahrwassers fahren müssen und der entgegenkommenden *Frisia IV* nur wenig nach Steuerbord ausweichen können. Beim Passieren der Fähre krängte dann der Fischkutter mächtig und kenterte schließlich.

Der 42-jährige Kapitän der *Frisia IV* gab zu Protokoll, die Geschwindigkeit auf vier bis fünf Knoten reduziert zu haben, als ihm die *Neptun* entgegenkam. Über die Heckkamera hätte er sich vergewissert, dass sein Schiff keinen Schwell nach sich zog, und wäre möglichst weit nach Steuerbord ausgewichen. Etwa zu dem Zeitpunkt, als beide Schiffe gleichauf gewesen wären, hätte der Kapitän der *Frisia IV* das Gefühl gehabt, als ob der Kutter stehengeblieben wäre. Aufgrund des niedrigen Wasserstandes würde so etwas infolge von Grundberührung im Hafen von Norddeich gelegentlich vorkommen, so der Kapitän, der das Revier seit zirka 14 Jahren kannte. Über die Heckkamera sah er wenig später, wie der Kutter kenterte. Die *Frisia IV* stoppte daraufhin ihre Maschinen und informierte über Kanal 16 den in Norderney stationierten Seenotkreuzer *Bernhard Gruben*, dass es in der Hafeneinfahrt Norddeich einen Unfall gegeben hätte. Das Behördenschiff *Seehund* nahm kurz danach die beiden Schiffbrüchigen an Bord.

Bei der Analyse des Unfalls stellte sich heraus, dass die *Neptun* 1995 umgebaut worden war. Dadurch gab es offenbar Probleme mit der Stabilität des Fischkutters, auf die in der Folge sowohl die See-BG als auch der Germanische Lloyd den Eigner mehrfach hingewiesen hätten. „Es ist nicht nachvollziehbar", schreibt die BSU, „wieso trotz dieser Kenntnis das Gewicht des Fanggeschirrs vergrößert und warum bei der Reparatur im November 2001 nicht alles unternommen wurde, um die Stabilitätskriterien einzuhalten." Zusammen mit einem unzureichenden Verschlusszustand des Kutters führte laut BSU die mangelhafte Stabilität zum Verlust des Schiffes. Der Schiffsführung der *Frisia IV* hingegen konnte kein Fehlverhalten nachgewiesen werden. Die BSU sprach infolge dieses Unglücks mehrere Empfehlungen aus, die wenige Jahre später im Zusammenhang mit dem Untergang der *Hoheweg* wieder zur Sprache kommen sollten.

Manch einem kam lange Zeit der Untergang der *Hoheweg* ähnlich mysteriös vor wie der Verlust des Fischkutters *Beluga*, der 1999 in der Ostsee unter rätselhaften Umständen verloren ging. In beiden Fällen gab es keine Überlebenden, die den Fall hätten aufklären können. Und sowohl auf der *Hoheweg* als auch auf der *Beluga* waren zumindest zum Teil Seeleute aus Mecklenburg-Vorpommern an Bord. Verständlich, dass der „Fall *Hoheweg*" besonders an der Ostseeküste viele alte Erinnerungen wachrief und Spekulationen reichlich Nahrung gab.

Die 1987 gebaute *Beluga* muss am frühen Nachmittag des 18. März 1999 zwischen Rügen und der dänischen Ostseeinsel Bornholm im so genannten Adlergrund gesunken sein. An Bord befanden sich der Kapitän, ein Maschinist, der zugleich Navigator war, und ebenfalls wie auf der *Hoheweg* ein Lehrling.

Auf den Unfall aufmerksam machte die Besatzung eines Ölaufklärungsflugzeugs der Bundesmarine. Die Dornier DO 228 LM entdeckte einen leichten Ölteppich sowie etwas undefinierbar Grünes unter der Wasseroberfläche. Weil ein Unglück nicht auszuschließen war, schlug die Crew Alarm.

Der in Sassnitz stationierte Seenotkreuzer *Arkona* befand sich gerade auf dem Rückweg von einer Kontrollfahrt, als ihn der Notruf von MRCC Bremen erreichte. Die Seenotretter unter

Führung von Vormann Arthur Bellack drehten sofort bei und steuerten die rund 20 Seemeilen entfernte Position an.

Gut eine Stunde später war man vor Ort. Zu sehen war zunächst nichts. Weder Wrackteile noch Schiffbrüchige waren in der nur mäßig bewegten See auszumachen. Es herrschten gerade mal zwei bis drei Windstärken.

Zusammen mit zwei Luftfahrzeugen der Marineflieger machten sich die Seenotretter auf die Suche und stieß auf einen zirka 200 Meter langen Ölteppich. Zwischenzeitlich waren weitere Schiffe hinzugestoßen: die *Neustrelitz* des Bundesgrenzschutzes, der Minensucher *Dillingen*, die *Scharhörn* des Wasser- und Schifffahrtsamtes, von der Wasserschutzpolizei die *Goldbutt* und der Fischkutter *Riesenhai*. Doch erst eine Meldung von einem der Luftfahrzeuge, wonach man aufsteigende Brennstoffblasen gesichtet hätte, führte die Einheiten zur tatsächlichen Untergangsstelle.

Wie sich herausstellte, lag dort in einer Tiefe von 18,6 Metern ein Fischkutter auf dem Heck. Er wies eine Neigung von 60 bis 70 Grad auf, was bedeutete, dass er mehr oder weniger mit dem Bug schräg nach oben wies. Eine Luftblase im Inneren sowie vielleicht die leeren Ballasttanks dürften ihn in dieser Lage gehalten haben. Um was für ein Schiff es sich handelte, war zunächst unklar. Man vermutete, es wäre ein dänischer Fischkutter.

Sowohl die *Arkona* als auch die *Neustrelitz* setzten Boote aus, um das Wrack von der Wasseroberfläche aus in Augenschein zu nehmen und die Untergangsstelle zu sichern. Da die *Beluga* 17,4 Meter lang war, reichte das Unterwasserhindernis bis knapp unter die Wasseroberfläche und stellte eine Gefahr für die Schifffahrt dar. Erst bei genauerer Untersuchung des Wracks wurde die Kennung „SAS 104“ entdeckt, womit klar war, dass es sich um die *Beluga* – einem Schiff der Sassnitzer Seefischer Genossenschaft – handelte.

Noch in der Nacht setzte die Bundesmarine von Bord der *Drillingen* aus Taucher ein. Außerdem wurde ein Sonar-Ortungsgerät hinabgelassen, um von der *Beluga* Aufnahmen zu machen. Unter anderem stellte man hierbei fest, dass das Fanggeschirr zum Zeitpunkt des Untergangs nicht benutzt worden war. Der spontane Verdacht, es könnte sich um einen so genannten Netzhaker handeln, schied damit aus. Im Falle eines solchen Netzhakers hat sich das Netz auf dem Meeresboden in einem Gegenstand verfangen. Dadurch besteht die Gefahr, dass sich ein Schiff beim Hieven des vollen Netzes selbst zum Kentern bringt. Da auf den ersten Blick aber weder am Schanzkleid noch an den Aufbauten Indizien auf eine Havarie hindeuteten, blieb die Untergangsursache ein Rätsel.

Die Suche nach den drei Besatzungsmitgliedern wurde bis zum nächsten Vormittag 10.30 Uhr fortgesetzt. Die Sucheinheiten durchkämmten ein Seegebiet von 90 Seemeilen im Quadrat. Danach zog man sich langsam zurück. Die Chancen, in dem nur drei Grad Celsius kalten Wasser noch Überlebende zu finden, war zu gering, als dass eine Fortsetzung der Suche Sinn gemacht hätte. Das Wrack wurde zur Warnung der anderen Schiffe mit einer Tonne markiert.

Wegen der unsicheren Lage der *Beluga* auf dem Meeresgrund war es den Tauchern nicht möglich, ins Innere vorzudringen. Ohne einen Schwimmkran, der das Wrack hätte sichern können, war eine „Begehung“ an der Unglücksstelle unmöglich. Insofern konnte – ebenfalls wie bei der *Hoheweg* – erst nach der Bergung mit Sicherheit festgestellt werden, ob sich noch Besatzungsmitglieder an Bord befanden.

Einen solchen Kran auf die Schnelle zu organisieren, erwies sich als hoffnungslos. Sowohl die Sassnitzer Seefischer Genossenschaft als auch der Bundesgrenzschutz bemühten sich schon kurz nach dem Bekanntwerden des Untergangs der

Beluga um solch ein Gerät. Auch im Nachbarland Polen fragte man an, ohne fündig zu werden.

Stattdessen nahmen verschiedene Einheiten am Samstagmorgen wieder die Suche auf. Hubschrauber und Flugzeuge suchten das Gebiet ab, und der Seenotkreuzer *Arkona* lief ebenfalls die Unglücksposition erneut an. Der Bundesgrenzschutz untersuchte die *Beluga* mit Hilfe von Tauchern. Doch auch diese erneuten Bemühungen erbrachten vor allem hinsichtlich des Verbleibs der Besatzung nichts Neues.

Erst zwei Monate nach dem Unglück bargen am 25. Mai 1999 dänische Fischer eine stark entstellte männliche Leiche. Wie sich herausstellte, handelte es sich um den 38-jährigen Kapitän der *Beluga*. Der tote Lehrling des Fischkutters wurde am 3. August 1999 von Bord des Fährschiffs *Sassnitz* in der Nähe von Kap Arkona entdeckt. Und kurz danach wurde am 12. August desselben Jahres nahe Bornholm auch die Leiche des dritten Besatzungsmitglieds von Fischern aus der Ostsee gezogen. Auch er hatte sich in einem Fischernetz verfangen.

Was das Unglück ausgelöst haben könnte, warum keines der Besatzungsmitglieder eine Schwimmweste oder gar den Überlebensanzug trug, wieso nicht einmal ein Notruf abgesetzt wurde, stellte Fachleute, Freunde und Angehörige sowie Kollegen der *Beluga*-Besatzung vor ein Rätsel.

Fünf Experten des Seeamtes Rostock versuchten, das Unglück zu rekonstruieren. Sie kamen zu dem Schluss, dass technisches und menschliches Versagen den Untergang der *Beluga* verursacht haben mussten. Ein zu geringer achterlicher Freibord sowie die geöffneten Bodenspeigatten führten nach Ansicht der Fachleute dazu, dass über die Fischeingabeluke Wasser ins Innere des Kutters dringen konnte. Von hier floss das Wasser weiter in den Maschinenraum und führte schließlich zum Verlust der Reststabilität.

Die Arbeit der See-Berufsgenossenschaft stand bei diesem

Fall in keinem besonders guten Licht. Dem Inspekteur wurde vorgeworfen, nicht darauf gedrängt zu haben, dass die erwähnten Speigatte verschlossen wurden.

Nicht nur die Angehörigen und Freunde der Verstorbenen, auch zahlreiche Fachleute konnten das Urteil des Seeamtes nur schwer nachvollziehen. Zu viele Ungereimtheiten – manche sprachen auch von handwerklichen Fehlern und vorsätzlicher Missachtung von Fakten – blieben zurück. So hätte man der Tatsache, dass zeitgleich nahe des Adlergrunds ein internationales Marinemanöver stattfand, kaum Berücksichtigung geschenkt. Schwer vorstellbar wäre auch, dass dem erfahrenen Kapitän entgangen sein sollte, wie sich zwölf bis 14 Tonnen Wasser im Schiff bewegten, ohne dass er dies bemerkt haben könnte. Angeblich hätte sich zudem Spülwasser im Fischraum befunden, was den Untergang beschleunigt haben sollte. Dass die *Beluga* aber vor ihrer Fangreise repariert worden war, es also gar keinen Grund gab, den Lagerraum zu reinigen, hätten die Experten ebenfalls außer Acht gelassen.

Das Seeamt hatte kaum eine Chance, sich mit seinen Ergebnissen Freunde zu machen. Vor allem die recht unverhohlene Kritik am Kapitän der *Beluga* führte dazu, dass sich viele mit dem Spruch nicht abfinden wollten. Sie gaben neue Gutachten in Auftrag, die zu widersprüchlichen Ergebnissen führten. Und die Witwe des Kapitäns übergab mit Anwalt Peter Michael Diestel keinem Unbekannten das Mandat. Diestel war vor seinem Berufswechsel letzter Innenminister der ehemaligen DDR. Er „sezierte“ förmlich das Urteil des Seeamtes und die Arbeit der Staatsanwaltschaft nach allen Regeln der juristischen Kunst. Manch Außenstehender bekam dadurch den Eindruck, dass Seeamt und Staatsanwaltschaft lächerlich gemacht werden sollten.

Trotz offiziell anderslautender Meinung hält sich bis heute hartnäckig die Theorie, wonach die *Beluga* im Rahmen des

Marinemanövers „Jaguar“ versehentlich versenkt wurde. Die Befürworter dieser Ansicht führen als Indizien an, dass sich der Deckkran in einer sehr ungewöhnlichen Position befunden hätte. Sowohl an ihm als auch am Rumpf konnten Schleifspuren nachgewiesen werden. Seitens der untersuchenden Behörden wurden diese Tatsachen auf eine Ankerkette zurückgeführt, die während der Bergung des Kutters versehentlich mit dem Wrack in Kontakt kam. Die Gutachter der Gegenseite meinen, dass die vorgefundenen Spuren nicht von einer Kette, sondern nur von einer Trosse herrühren könnten – wie sie zum Beispiel bei Manövern zum Schleppen von Zielen verwendet werden. Konkret: Mancher ging davon aus, dass die *Beluga* zwischen einen solchen Schleppverband geriet und dadurch unter Wasser gedrückt wurde.

Seitens der Marine wurde diese Darstellung zurückgewiesen. Zum Zeitpunkt des Unglücks hätten sich keine Einheiten in der Nähe der Untergangsstelle befunden. Ein Gutachter widerlegte dies und wies nach, dass zumindest ein Schlepper hätte theoretisch in der Nähe sein können. Radaraufzeichnungen, die die Situation erhellen könnten, gab es nicht mehr: Die Überwachungsstation Navborn auf Bornholm hatte ihre Dokumentationen vier Wochen nach dem Unglück gelöscht. ◀

Das Wrack wird gehoben

▶ Nachdem der Untergang der *Hoheweg* und damit verbunden der Tod aller vier Besatzungsmitglieder zweifelsfrei feststehen, herrscht im Heimathafen des Kutters tiefe Betroffenheit. Das Schwesterschiff der *Hoheweg* – die *Rotesand* – flaggt Halbmast. Freunde, Bekannte, Kollegen der Besatzungsmitglieder, aber auch viele Bürger der Stadt Brake, die die Fischer nicht persönlich gekannt haben, kommen zum ehemaligen Liegeplatz der *Hoheweg* und legen dort Kränze sowie Blumen nieder und zünden in Gedenken an die Verstorbenen Kerzen an.

Die Familie des Kapitäns ist seit Generationen in Brake zu Hause und dadurch in der Bevölkerung bekannt. Das eigene Fischgeschäft vis-à-vis des Liegeplatzes der *Hoheweg* bleibt bis auf weiteres geschlossen. Wegen eines Trauerfalls in der Familie, informiert ein Schild an der Tür. Wenige Tage zuvor war die 77-jährige Seniorchefin des Unternehmens – Mutter des Firmenchefs – verstorben. Die wartenden Fernseh- und Radioreporter haben es schwer, Interviewpartner vors Mikrofon und die Kamera zu bekommen. So erklärt denn Roland Schiefke, Bürgermeister der Hafenstadt an der Weser, vor laufenden Kameras, dass er im Namen der Verwaltung der Familie telefonisch kondoliert habe.

Während Brake trauert und versucht, das Unfassbare zu begreifen, stellen die Behörden fest, dass das Wrack aus mehreren Gründen gehoben werden muss. Zum einen gehen die Fachleute davon aus, dass sich im Inneren des Schiffes die Leichen der vermissten Besatzungsmitglieder befinden. Zum anderen wird man die Ursache für den Untergang nur nach der Bergung der *Hoheweg* ermitteln können. Außerdem stellt das Wrack sowohl für den Schiffsverkehr als auch für die Umwelt eine Gefahr dar. Zum Teil beträgt die Wassertiefe über dem Kutter nur 4,20 Meter. Zu wenig für andere Schiffe mit größerem Tiefgang, die diese Stelle passieren möchten. Dann befinden sich vermutlich noch rund 20 Tonnen Treibstoff und andere umweltgefährdende Substanzen an Bord. Sie drohen auszulaufen und Umweltschäden anzurichten. Kein unwichtiger Aspekt, schließlich liegt die Unfallstelle im Nationalpark Wattenmeer.

Das Wasser- und Schifffahrtsamt Bremerhaven fordert deshalb am 21. November 2006 die Reederei als Eigentümer der *Hoheweg* schriftlich auf, das Wrack zu beseitigen. Die Anwälte des Reeders und der Versicherung lassen daraufhin Mitte März 2007 die Behörde wissen, dass man die *Hoheweg* aufgegeben habe und das Wrack nicht heben werde. Dadurch wird es zur Aufgabe des Wasser- und Schifffahrtsamtes (WSA), den gesunkenen Fischkutter bergen und beseitigen zu lassen.

Bereits am 25. Februar und erneut am 11. April 2007 hatte das Bundesamt für Seeschifffahrt und Hydrografie Tauchgänge zum Wrack der *Hoheweg* durchführen lassen. Es musste geklärt werden, ob das Wrack nach den Winterstürmen noch lagestabil war und ob es Veränderungen am Rumpf gab. Seit dem Untergang des Fischkutters herrschten in dem Seegebiet über den Nordergründen überwiegend westliche Winde mit Windstärken zwischen fünf und neun Beaufort. Windstärke fünf wurde in den ersten sechs Wochen nach der Katastrophe nur an drei Tagen unterschritten. Der Wind hatte in diesem Seegebiet hohe und steile Wellen aufgebaut.

Aus dem Bericht zum Tauchgang am 11. April 2007, den ein Berufstaucher des Behördenschiffs *Wega* am folgenden Tag noch an Bord anfertigte, ist zu entnehmen, dass das Wrack mit zirka 100 Grad Schlagseite nach Steuerbord auf dem sandigen Grund liegt und durch Strömung sowie Dünung erheblichen Kräften ausgesetzt ist: „An dem Eingang zum Aufbau an der Stb.-Seite, Achterkante, sind deutliche Beschädigungen an der

Ein Berufstaucher macht sich fertig, um zum Wrack zu tauchen.

Der Schlepper „Taucher O. Wulf 10“ kurz vor dem Auslaufen am 19. Juni 2007.

Bordwand zu erkennen, wobei nicht klar ist, ob diese vor dem Untergang oder durch den Aufprall auf dem Grund oder auch durch das Liegen auf dem Boden entstanden sind. Tatsache ist, dass sich das gesamte Wrack in der manchmal bis zum Grund durchstehenden Dünung bewegt."

Der Taucher berichtet ferner, dass ein Schott, das normalerweise den Eingang des Deckhauses auf der Backbordseite verschließt, fehlt und anscheinend aus den Scharnieren gerissen wurde. Beim Blick durch ein fehlendes Brückenfenster sieht er, dass der Maschinenfahrhebel ungefähr auf „Voraus-Halbe" steht. Weitere Ausrüstungsgegenstände der Brücke wie Steuerrad, Kompass, Notstoppschalter und vermutlich der Geber der Selbststeueranlage (Stellung: 355 Grad) sind ebenfalls zu erkennen. „Des weiteren wurde festgestellt, dass bei einem der äußeren Brückenfenster der Stb.-Seite alle Knebel gelöst, das Fenster aber geschlossen ist, als wenn versucht wurde, es zu öffnen, dies aber nicht gelungen ist", heißt es im Bericht des *Wega*-Tauchers.

Die mit der Beseitigung verbundenen Kosten werden vom Wasser- und Schifffahrtsamt auf rund 137.000 Euro geschätzt. Die Statuten sehen vor, dass Aufträge in dieser Höhe europaweit auszuschreiben sind. Aus Deutschland kommt für diese Aufgabe zum Beispiel die Bugsier-Reederei aus Hamburg infrage, die mit der *Enak* den einzigen deutschen Schwimmkran besitzt, der zur Hebung der *Hoheweg* geeignet erscheint. Den Zuschlag erhält am 15. Juni 2007 aber die Firma Otto Wulf GmbH & Co. KG aus Cuxhaven. Am Ende wird die Bergung und der Transport nach Bremerhaven zirka eine halbe Million Euro gekostet haben, wie Werner Kinkartz, Leiter des Wasser- und Schifffahrtsamtes, Medienvertretern gegenüber bestätigt. Nicht zuletzt diese Kosten sind es auch, die Eigner und Versicherung dazu bewegt haben dürften, im Frühjahr 2007 offiziell das Eigentum an dem Schiff aufzugeben.

Der dänische Schlepper „Katrine“ operiert zusammen mit dem Schwimmkran „Samson“.

In einer offenen Gondel wird ein Taucher ins Wasser hinabgelassen.

Der dänische Schwimmkran „Samson“. Er verfügt über eine Hebekraft von 900 Tonnen.

Aus der Ausschreibung geht hervor, wo sich das Wrack genau befindet und wie sich die Situation unter Wasser darstellt. Demnach ist der Grund um den gesunkenen Kutter bereits deutlich ausgekolkt. Direkt am Wrack habe der Trichter eine Tiefe von zirka zwei Metern gegenüber dem umliegenden Grund. Die geringste gelotete Tiefe über dem Wrack betrage 4,20 Meter, heißt es in der Ausschreibung. Nach Abschluss der Bergungsarbeiten geht das Wrack in den Besitz des Bergungsunternehmens über. Bis dahin haben aber die Wünsche der ermittelnden Behörden Vorrang: „Der Auftragnehmer hat den Untersuchungsbehörden, der Wasserschutzpolizei und der Bundesstelle für Seeunfalluntersuchung Zutritt zur Bergungsstelle, Einsicht zur Beweisnahme und die Entnahme von geborgenen Gegenständen nach der Bergung zu gewähren“, heißt es in der Ausschreibung. Zur Vorbereitung der Arbeiten gibt das WSA Bremerhaven der Firma Otto Wulf GmbH zwischen dem 25. Februar und 11. April 2007 die Gelegenheit, die vorhandenen Tauchberichte samt Peilungen einzusehen.

Das Bergungsunternehmen Otto Wulf GmbH strebt die Hebung des Wracks noch im selben Monat an. Hierfür bedient man sich externer Unterstützung. Das dänische Unternehmen Dansk Bjergning og Bugsering aus Århus wird einen entsprechend starken Schwimmkran zur Verfügung stellen. Die Arbeiten unter Wasser übernimmt die Firma Taucher Kirchgäßner. Das Tauch- und Bergungsunternehmen Kirchgäßner stellt ein dreiköpfiges Team zusammen, bestehend aus einem Tauchermeister und zwei geprüften Berufstauchern. Der Tauchermeister übernimmt die Einsatzleitung, während einer der Berufstaucher unter Wasser am Wrack arbeitet und sein Kollege als Reserve bzw. zur Sicherung an Bord des Schiffes wartet.

Die Zeit drängt; der Kutter dürfte bereits anfangen zu versanden. Mehrere Tauchgänge sind zunächst aber erforderlich, um die Bergung vorzubereiten. Erneut macht das Wetter einen Strich durch die Rechnung. Ein stürmischer Westwind zwingt zum Umdisponieren. Der für die Bergung vorgesehene Schwimmkran *Samson* kann bei den herrschenden Wellenhöhen nicht eingesetzt werden. Zunächst lässt es der hohe Seegang im Skagerrak nicht zu, dass der Kran seinen aktuellen Aufenthaltsort im dänischen Århus verlassen kann. Deshalb übernimmt er zwischenzeitlich andere Arbeiten in der Ostsee, was die Bergung der *Hoheweg* im Endeffekt um eine weitere Woche verzögert.

Wegen des Wetters können aber auch erste Tauchgänge nicht so schnell wie gewünscht durchgeführt werden. Geduld ist gefragt. „In der Nordsee herrscht ein Tidenunterschied von ungefähr 3,10 Metern und eine Strömungsgeschwindigkeit von anderthalb bis zwei Knoten", erläutert Bergungsunternehmer Andreas Wulf in einem Fernsehinterview. „Gegen anderthalb Knoten schwimmt kein Taucher an. Der braucht beide Hände zum Festhalten, und dann kann er nicht arbeiten."

Am 19. Juni 2007 schickt das Bergungsunternehmen seinen Schlepper *Taucher O. Wulf 10* zur Wrackposition. Neben Vorläuferdrähten und Equipment für eine Dreipunktverankerung sind auch Jonne Kirchgäßner und zwei seiner Berufstaucher an Bord. Sie sollen den Ist-Zustand der *Hoheweg* prüfen und Möglichkeiten herausfinden, wie eine Bergung machbar sein könnte.

Sind die äußeren Umstände auch akzeptabel, rechnen die Taucher dennoch mit Sichtweiten von weniger als 20 Zentimetern. Der Seegang dürfte Sediment aufgewühlt und die Sicht drastisch reduziert haben. Hinzu kommt, dass die Tauchgänge wegen der starken Gezeitenströmung nur bei Hoch- bzw. Niedrigwasser möglich sein werden. Anders ausgedrückt: Den Tauchern bleiben für ihre Arbeit unter Wasser strenggenommen gerade mal 45 Minuten. Die Männer um Firmeninhaber Jonne Kirchgäßner werden die Phasen aber so weit ausdehnen, wie sie es gerade noch vertreten können, und planen, jeweils für zwei Stunden unter Wasser zu bleiben.

Zunächst findet man das Wrack aber nicht. Die Tonne, mit der die Untergangsstelle seinerzeit von der *Atair* markiert wurde, ist zwar schnell entdeckt. Aber die *Hoheweg* selbst muss erst noch unter Wasser gesucht werden. Es gelingt per Echolot. Um 21.30 Uhr positioniert sich die *Taucher O. Wulf 10* genau über dem gesunkenen Kutter. Drei Anker halten sie auf Position.

Erst nach dieser unerwarteten Verzögerung kann der erste Taucher um 22.08 Uhr mit seiner Arbeit beginnen. Am Wrack herrscht eine leichte Strömung mit Sichtverhältnissen von immerhin 60 bis 70 Zentimetern. Insgesamt hat sich die Lage des Wracks gegenüber vorhergehenden Tauchgängen kaum verändert. Der Taucher bemerkt auf der Steuerbordseite – in Höhe der Brücke – ein schwebendes Netzsteert von der dahinterstehenden Netztrommel. Zudem bedeuten Drähte eine weitere Gefahr für den Taucher, sich in den treibenden Gegenständen zu verfangen. Er bewegt sich deshalb mit der Strömung und hält sich nur vor dem Netz auf.

Der Taucher arbeitet sich weiter vor und inspiziert, so gut es unter den herrschenden Sichtverhältnissen geht, das Ruderblatt und die Schraubenanlage. Dabei stellt er fest, dass auf der Steuerbordseite vom Hauptdeck aus ein Deckwaschschlauch bis zur Schraube verläuft. Zwischen Propellerspitze und der Kortdüse scheint der Schlauch festzusitzen. Das Schlauchende befindet sich rund anderthalb Meter hinter dem Propeller in Richtung Ruderblatt. Der Taucher kann hier eine Metallspitze ertasten und vermutet, dass es sich um die Schlauchdüse handelt. Diese für die Aufklärung des Unglücks vermutlich wichtige Feststellung wird wenig später sofort dem Wasser- und Schifffahrtsamt Bremerhaven mitgeteilt.

Die noch verbleibende Tauchzeit wird dazu genutzt, um einen 18 Millimeter starken Vorläuferdraht von der Backbordsei-

Am 11. April 2007 wurde erstmals festgestellt, dass Brückenfenster fehlten.

Im Fahrstand der „Hoheweg“ spannten Unbekannte kreuz und quer Netzgarn. Unter anderem befestigten sie diese am Maschinenfahrhebel.

Eines der vorgefundenen Lightsticks.

te aus zwischen Kortdüse und Rumpf durchzuführen. An ihm und einem weiteren Draht wird später dann das schwere Bergegeschirr des Schwimmkrans angeschlagen. Dessen Trossen werden einen Durchmesser von 80 Millimetern haben.

Um 23.45 Uhr wird dieser erste Tauchgang durch das Team der Firma Taucher Kirchgäßner am Wrack der *Hoheweg* beendet. Zunächst muss eine Pause eingelegt werden, weshalb der Schlepper auf eine Position in knapp einer Seemeile Entfernung verholt wird. Ein zweiter, der für die Nachtstunden geplant ist, kann wegen der widrigen Witterungsverhältnisse nicht angetreten werden. Deshalb kehrt die *Taucher O. Wulf 10* erst am nächsten Morgen, dem 20. Juni 2007, um 10.15 Uhr zur Wrackposition zurück. Erneut macht sich ein Taucher fertig.

Um 10.35 Uhr wird er ins Wasser hinabgelassen. Diesmal ist es seine Aufgabe, den zweiten Vorläuferdraht anzubringen, um damit die Vorbereitungen für die spätere Kranbergung abzuschließen. Dem Bergungstaucher gelingt es, den Draht von der Backbordseite unter dem Rumpf und Kiel des Wracks hindurchzuführen und an einem Mast auf dem Vorschiff zu sichern. Knapp eine Stunde benötigt der Taucher hierfür. Um 11.30 Uhr ist er wieder aus dem Wasser, und um 13.30 Uhr verlässt der Schlepper die Position, um nach Cuxhaven zurückzukehren.

Die eigentliche Bergung sollte ursprünglich nur wenige Tage später, am 25. Juni 2007, stattfinden. Wegen des ungünstigen Wetters muss der Termin aber um knapp einen Monat auf den 23. Juli 2007 verschoben werden. Diesmal wird der Schlepper *Taucher O. Wulf 3* zum Wrack geschickt. An Bord befindet sich erneut ein dreiköpfiges Team von Taucher Kirchgäßner. „Es ist nicht meine erste Bergung", erzählt Jonne Kirchgäßner einem

Fernsehreporter. „Wir haben schon wesentlich größere Bergungen gemacht. Von daher bin ich noch cool."

Der Schwimmkran *Samson* wartet indes schon seit ein paar Stunden an der Unglücksstelle und ist bereit, das Wrack zu heben. Die *Samson* ist 67 Meter lang und 27 Meter breit. Der Kranausleger ragt haushoch empor. Seine Hebekraft beträgt imposante 900 Tonnen. Als Antrieb stehen zwei Schottelmotoren à 316 Kilowatt hinten sowie ein weiterer mit 439 Kilowatt vorn zur Verfügung. Die Positionierung erfolgt durch zwei Stelzen.

Außerdem befinden sich nahe der Wrackposition der Schlepper *Katrine* und das Gewässerschutzschiff *Neuwerk* in Wartestellung. Die Wasserschutzpolizei ist mit der *Bremen 3* vor Ort. Das WSP-Boot ankert nahe des Schwimmkrans und setzt sein Schlauchboot *(Bremen 30)* für Sicherungszwecke ein. Seine Aufgabe ist es vor allem, die Einhaltung der Bannmeile zu überwachen: Das Wasser- und Schifffahrtsamt Bremerhaven hat für die Zeit der Bergung im Umkreis von 1000 Metern rund um die Wrackposition ein Sperrgebiet eingerichtet. Dadurch können die Bergungsfachleute in Ruhe arbeiten. Rundfunkteams und Fotografen begleiten die Aktion, die großes mediales Interesse hervorgerufen hat.

Die äußeren Bedingungen an diesem Morgen sind günstig. Dort, wo am 8. November 2006 noch stürmische Winde das Meer aufwühlten und das Schiff mitsamt seiner Besatzung in die Tiefe zogen, herrscht jetzt nahezu Windstille. Für die Arbeiten ist dies hervorragend; sie können zügig vonstatten gehen. Der Wind kommt mit Stärke drei bis vier aus westlicher Richtung. Die Wellenhöhe liegt bei einem Meter; die Sicht ist sehr gut. Das Wetter in den Nordergründen sei generell aber sehr wechselhaft, so Cheftaucher Kirchgäßner, es könne schnell umschlagen.

Der erste Tauchgang wird gegen 07.00 Uhr morgens unternommen. Kirchgäßner hatte eigentlich gehofft, vor dem Kran an der Einsatzstelle zu sein, um Zeit zu haben, unter Wasser die Bergung vorzubereiten. Jetzt liegt die *Samson* aber schon auf Position, was die Taucher zum Umdisponieren zwingt. Das gesamte Taucherteam steigt samt seiner Ausrüstung auf den Schwimmkran über. Der Berufstaucher klettert in eine käfigähnliche, an einer Seite offene Gondel und lässt sich mit dieser per Kran ins Wasser absenken. Atemluft erhält der Mann über einen Verbindungsschlauch, der an seinem Helm befestigt ist.

Der nächste Tauchgang wird für 12.00 Uhr terminiert und kann pünktlich durchgeführt werden. Mittags herrschen umlaufende Winde der Stärken eins bis zwei. Trotz der nur mäßigen Sicht kommt der Taucher gut voran. Über Sprechfunk und Helmkamera ist er ständig mit seinen Kollegen an Bord des Krans in Kontakt. Er kommentiert, was er sieht und tut. Auf diese Weise ist der Wracktaucher der verlängerte Arm und das Auge vor Ort des gesamten Bergungsteams.

Besonders das Vorschiff der *Hoheweg* ist mittlerweile stark versandet. Gegenüber früheren Unterwasserinspektionen ist jetzt auch festzustellen, dass im Ruderhaus sowohl mittschiffs als auch an der Steuerbordseite insgesamt vier Fenster fehlen. Das Glas ist teilweise so sauber aus dem Rahmen entfernt worden, dass es unwahrscheinlich erscheint, dass es durch den Wasserdruck oder Strömungen eingedrückt worden sein könnte. Beim Blick ins Innere fallen zudem Leinen auf, die kreuz und quer durch das Ruderhaus gespannt worden sind. So genannte Lightsticks, mit denen sich vor allem Sporttaucher unter Wasser bei Dunkelheit Licht verschaffen, werden sowohl im Inneren als auch außen am Mast entdeckt, wo sie mit einer Weberleine und Seemannsknoten befestigt worden sind. Die schmalen Stäbe müssen zum Aktivieren geknickt werden und haben danach eine Leuchtdauer von zirka 20 bis 30 Minuten.

Die „Hoheweg“, wenige Augenblicke, nachdem ihre Aufbauten am 23. Juli 2007 die Wasseroberfläche durchbrachen.

Unmittelbar, nachdem das Schiff gehoben wurde, gingen Polizisten und Mitarbeiter der BSU an Bord.

Wer sich hier unerlaubterweise umgeschaut hat, kann auch später nicht geklärt werden. Typische Wrackwilderer dürften es nach Ansicht der Experten jedenfalls nicht gewesen sein. Die haben es klassischerweise auf die Schiffsglocke oder den Kompass abgesehen, um Trophäen und Souvenirs mitgehen zu lassen. Diese Gegenstände können später aber an Bord der *Hoheweg* sichergestellt werden. Vom Bordcomputer, in dem unter anderem Fahrtgeschwindigkeit und Route gespeichert sind, fehlt hingegen jede Spur.

Während der Tauchgänge am 23. Juli 2007 fehlt aber die Zeit, dem Einbruch ins Wrack nachzugehen. Stattdessen wird beim zweiten Tauchgang die unter dem Achtersteven des 320 Tonnen schweren Wracks liegende Trosse angeschlagen. Doch beim Hieven verklemmt sich das Auge dieser Trosse am Achtersteven, sodass erst ein Taucher das Problem mit Hilfe einer Brechstange lösen muss, bevor weitergearbeitet werden kann. Dadurch verzögert sich die Bergung.

Sodann wird die Trosse des Schwimmkrans unter dem Heck der *Hoheweg* durchgehievt. Dabei stellt sich heraus, dass die bereits verlegten Stahlseile im Laufe der Zeit versandet sind. Folge: Die Trosse des Schwimmkrans kann nicht wie geplant angeschlagen werden. Auch hier soll der Taucher helfen. Aber die Strömung wird zu stark; der Tauchgang muss beendet werden. Manche Medien berichten daraufhin schon, die komplette Bergung habe abgebrochen werden müssen. Es gibt jedoch eine Alternativ. Man versucht, mit Hilfe der Winden von der *Samson* und *Katrine* eine Trosse in Position zu bringen, um das Hebegeschirr doch noch anschlagen zu können.

Der Versuch gelingt. Zwar muss der Taucher noch zweimal ins Wasser steigen, um die exakte Lage der Trossen unter dem Vorschiff zu kontrollieren. Dann aber sind die Vorbereitungen abgeschlossen. Gegen 18.30 Uhr kann es losgehen. Die beiden Lasthaken werden gehievt. Jetzt hoffen alle, dass die Trossen halten, nichts reißt oder verrutscht, wodurch der Fischkutter aus den Drahtschlingen herausfallen könnte.

Alles geht gut. Gegen 18.45 Uhr durchbrechen die Aufbauten der *Hoheweg* die Wasseroberfläche. Binnen weniger Minuten ist das Schiff komplett aus dem Wasser gehoben. Es ist erstaunlich gut erhalten. Der Rumpf ist aber massiv mit Algen und Seepocken übersät. Die grau-braune Schicht ist so dicht, dass der darunter befindliche blau-weiße Anstrich des Rumpfs kaum noch zu erkennen ist. Er blitzt nur an wenigen Stellen durch und bildet zusammen mit dem grünen Netz auf der Winde hinter dem Ruderhaus und einigen bunten Fischkugeln auffällige Farbkontraste.

Für Jonne Kirchgäßner ist die Arbeit damit beendet. Die Bergung der *Hoheweg* sei für ihn rückblickend einerseits etwas Besonderes gewesen, weil er den Fall von Anfang an in den Medien verfolgt und sich in gewisser Weise auch darüber gefreut hätte, bei der Bergung mitarbeiten zu dürfen. Andererseits sei der gesunkene Kutter aber eine Last wie jede andere gewesen, die geborgen werden musste. Insgesamt stellte der Auftrag für sein Team aber keine besondere Herausforderung dar. Der für die Bergung erforderliche Aufwand sei durchschnittlich gewesen. Insgesamt waren vier bis fünf Tauchgänge notwendig, die sechs bis acht Stunden in Anspruch nahmen. „Für ein Wrack dieser Größe ist das nicht viel", relativiert der Berufstaucher.

Um 18.55 Uhr ist das Wrack komplett gehoben. Es hängt in Schräglage am Haken des Schwimmkrans. Leinenverbindungen werden von Steuerbord und Backbord zum havarierten Kutter hergestellt. Per Winde kann der Schiffskörper so in die gewünschte Stellung gebracht werden. Die *Samson* dreht das Wrack in die alte waagerechte Schwimmlage. Bei diesem Manöver bricht der vordere Mast mit seinem Ladebaum aus seinem Fundament. Ein Malheur, das für die anschließende Ursachenforschung nicht weiter von Bedeutung ist. Die Besatzung des Schleppers *Katrine* pumpt noch zirka 100 Kubikmeter Wasser und Sand aus der *Hoheweg*, bevor sie nach Bremerhaven gebracht werden kann.

Sofern es in diesem Augenblick abzuschätzen ist, scheinen keine nennenswerten Umweltschäden durch das Unglück eingetreten zu sein. Aus dem Wrack sind nur geringe Mengen Gasöl ausgelaufen. Das Gewässerschutzschiff *Neuwerk* braucht deshalb nicht einzugreifen.

Beamte der Wasserschutzpolizei und Jürgen Albers, Untersuchungsführer der BSU, gehen als erste an Bord. Während die Polizisten in erster Linie nach dem vermissten Kapitän suchen, hofft Jürgen Albers – stellvertretender Leiter der BSU – auf Hinweise, was das Unglück ausgelöst haben könnte: In welcher Position stehen die Fahrhebel? Lief die Maschine bis zum Schluss? Welchen Kurs zeigte der Kompass zuletzt? Es ist nur eine Hoffnung, schließlich hat das Schiff schon geraume Zeit unter Wasser gelegen. Ein paar Antworten auf diese Fragen würden dem Fachmann aber schon wichtige Indizien liefern. Er wird sich in den folgenden Wochen und Monaten zusammen mit seinem Kollegen Harald Erdbeer intensiv mit der *Hoheweg* und den Umständen ihres Untergangs befassen.

Die Beamten bemerken und dokumentieren, dass die Fischluken genauso wie die Zugangstüren zur Back und den Mannschaftsräumen offen stehen. Die Tür, die normalerweise den Notausgang des Maschinenraums verschließt, fehlt komplett. An der Backbordseite sehen sie den bereits von den Tauchern gemeldeten, stramm über Bord hängenden schwarzen Schlauch. Mit solchen Schläuchen wird normalerweise das Deck abgespült. Warum er jetzt über der Reling hängt, ist noch unklar.

Die erste oberflächliche Untersuchung vor Ort dauert nur knapp eine Stunde. Dann kann die Überführung nach Bremerhaven beginnen. Ein Lotse geht hierfür bei der *Samson* an

Jonne Kirchgäßner (re.) und einer seiner Berufstaucher nach der erfolgreichen Bergung.

Die „Hoheweg" hängt in den Trossen der „Samson".

Bord. Um 20.18 Uhr macht er sich auf den Weg. Die *Hoheweg* wird wie in einer Hängematte liegend von dem Schwimmkran mitgenommen. Die *Katrine, Taucher O. Wulf 3* und die Polizeiboote *Bremen 3* und *6* eskortieren den Transport.

Der Weg nach Bremerhaven ist nicht weit. Doch wegen der sensiblen Fracht muss die *Samson* besonders vorsichtig und langsam fahren. Deshalb erreicht der Kran mit dem Wrack erst morgens um 05.30 Uhr die Hafenstadt an der Wesermündung. Hier macht der Schwimmkran vorübergehend am Labradorkai im Fischereihafen fest. Die *Hoheweg* hängt weiterhin in den Trossen des Krans und wartet darauf, zu ihrem endgültigen Liegeplatz gebracht zu werden.

Die Arbeit des Wasser- und Schifffahrtsamtes endet hier. Die in Bremerhaven ansässige Behörde hat dafür gesorgt, dass das Unterwasserhindernis erfolgreich beseitigt und die Verkehrssicherheit an der Unglücksstelle für andere Fahrzeuge wiederhergestellt worden ist. Ab jetzt kümmert sich die BSU um die *Hoheweg*.

„Der Schiffsrumpf ist intakt", berichtet Jürgen Albers nach der ersten Inaugenscheinnahme im Fischereihafen. „Vermutungen, das Schiff könnte von einem Torpedo, einem Unterwasserhindernis oder einem schwimmenden Container getroffen worden sein, können zum jetzigen Zeitpunkt nicht bestätigt werden." In einer Sache sind sich Albers und sein Kollege Harald Erdbeer aber schnell einig: „Das Wetter allein kann es nicht gewesen sein. Da hat die *Hoheweg* in ihren 30 Jahren Fahrtzeit bestimmt Schlimmeres erlebt."

Hinweise für eine Grundberührung – beispielsweise im Zusammenhang mit Grundseen – finden sich ebenfalls nicht. Die Schäden, die mit bloßem Auge zu erkennen sind, betreffen das Peildeck, die Schanz auf der Steuerbordseite, den vorderen Scherbrettgalgen und das hintere Poopdeck. Es dürfte davon auszugehen sein, dass diese Beschädigungen erst während des

Untergangs, beim Aufprall auf den Meeresgrund oder während der Liegezeit entstanden sind.

Die Bergung des Schiffswracks verlief insgesamt problemlos. Dabei hat das Bergungsteam viel Glück gehabt: Nachdem wochenlang ein Tiefdruckgebiet nach dem anderen über die Nordergründe gezogen war, passt am 23. Juli 2007 alles optimal für die geplanten Arbeiten zusammen. Schon am nächsten Tag frischt der Wind mit Böen bis acht Beaufort wieder auf und bleibt auch die folgenden zehn Tage schlecht. ◀

Der Schwimmkran bringt die „Hoheweg“ in den Fischereihafen von Bremerhaven.

Spurensuche im Trockendock

▶ Das Jahr 2006 beschert der Bundesstelle für Seeunfalluntersuchung überdurchschnittlich viel Arbeit. Insgesamt werden 151 Zwischenfälle der BSU gemeldet, die als „sehr schwere Seeunfälle" und „schwerer Seeunfall" einzustufen sind. Darunter befinden sich auch zwölf Fälle, die insgesamt 17 Menschenleben forderten. Gleich zu Jahresanfang kommt es auf zwei Fischereifahrzeugen zu Todesfällen – einer an Deck, der zweite, weil ein Besatzungsmitglied über die Reling stürzt und nicht mehr gerettet werden kann. „Trauriger Höhepunkt des zurückliegenden Jahres", schreibt die Bundesstelle für Seeunfalluntersuchung in ihrem Jahresbericht 2006, stelle allerdings „bei den tödlichen Unfällen in der Berufsschifffahrt (...) der Untergang eines Fischkutters mit vier Toten (...) dar".

Gemeint ist die *Hoheweg*, deren Untergang rückblickend auf die vergangenen Jahrzehnte sogar als eines der schwersten Schiffsunglücke in der deutschen Nordsee bezeichnet werden muss. Entsprechend aufwendig wird das Unglück seitens der Behörden untersucht. Allein die BSU stellt sechs Mitarbeiter dafür ab, um den Fall zu klären. Nicht zuletzt durch die mehrtägige, groß angelegte Suche, die unklare Unfallursache und den Tod aller vier Besatzungsmitglieder erregt dieser Seenotfall ein überdurchschnittlich großes öffentliches Interesse.

Aufgabe der BSU ist es nicht, den oder die Schuldigen eines Seeunfalls zu ermitteln. Sie richtet ihre Aufmerksamkeit auf die wahrscheinlichen Ursachen und versucht, hieraus Empfehlungen abzuleiten, um ähnliche Unfälle in der Zukunft zu vermeiden. Die Mitarbeiter der BSU interessiert deshalb vor allem Antworten auf die rein sachlichen Fragen nach dem Zustand des Schiffes, die Qualifikation der Besatzungsmitglieder und die äußeren Umstände: War die *Hoheweg* in einem ordnungsgemäßen und seetüchtigen Zustand? Was löste die Katastrophe aus? Wie reagierten die Männer an Bord auf die Situation? Gab es womöglich eine Chance, den Unfall zu vermeiden? Welche Konsequenzen ergeben sich für andere Schiffe aus dieser Tragödie?

Eine Frage, die vor allem die Angehörigen der Fischer bewegt: Was geschah mit den Besatzungsmitgliedern? Die Wahrscheinlichkeit, die Vermissten lebend aus der eiskalten Nordsee retten zu können, war schon wenige Stunden nach dem Untergang der *Hoheweg*, spätestens aber seit dem Fund des leeren Rettungsfloßes auf Null gesunken. Fokko Busker, Großvater von Sören Busker, ist einst selbst zur See gefahren. Im Fernsehen erzählt er, dass er sich immer wieder Gedanken über die letzten Minuten der *Hoheweg* mache: „Die grausamsten Sachen gehen einem durch den Kopf."

Um über den Verlust der vier Männer hinwegzukommen und die Trauer zu verarbeiten, ist es sehr wichtig, über den endgültigen Verbleib der Verstorbenen Klarheit zu haben. Der Verein „Societät Rostock maritim" ruft für die Hinterbliebenen des Unglücks eine Spendenaktion ins Leben. Dadurch soll den betroffenen Familien zumindest finanziell etwas geholfen werden.

„Sören hat schon als Kind von der Seefahrt geträumt und jede Gelegenheit genutzt, um aufs Meer zu fahren", erzählt Fokko Busker einer Journalistin der Nordwest-Zeitung. „Bei dem Unglück ist wohl eins zum anderen gekommen", vermutet er. Womöglich habe eine hohe Welle den Kutter ungünstig getroffen und zum Kentern gebracht. „Das kann dann alles plötzlich blitzschnell gehen", so Fokko Busker, der früher selbst als Fischer und später auf Schleppern und Schwimmkränen der Marine zur See fuhr. „Da das Schiff auf dem Weg

Nicht nur unter Deck hat sich an Bord viel Sediment und Schlamm angesammelt. Mit Schaufeln arbeitet man sich auch an Deck durch den Sand.

Vorsichtig wird das Wrack ins Dock 3 der Bredo-Werft gebracht.

in die Fanggründe war, waren wahrscheinlich alle unter Deck, als das Unglück passiert ist."

Fassungslosigkeit herrscht auch in Sassnitz, wo Wolfgang Larsen mit seiner Familie lebte. Ehefrau Tanja Larsen kann sich mit dem Gedanken, dass ihr Mann nicht mehr nach Hause kommen wird, nicht abfinden. „Die Hoffnung stirbt zuletzt", wird sie in der Nordwest-Zeitung am 11. November 2006 zitiert. Zu diesem Zeitpunkt ist die Suche nach den Besatzungsmitgliedern bereits eingestellt worden. Doch die Sorge um ihre Kinder lässt sie wider besseres Wissens hoffen. „Ich weiß einfach nicht, wie ich es meinen Kindern sagen soll", gesteht Tanja Larsen. Noch gehen die Mädchen davon aus, dass der Vater beim Fischen ist.

So warten die Freunde und Verwandten der Vermissten wochenlang vergeblich auf eine Nachricht zum Verbleib der offiziell als vermisst geltenden Seeleute. Einen unbekannten Toten, den am 5. Dezember 2006 nahe der Insel Anholt im Kattegat ein dänischer Fischer aus der Ostsee birgt, hält man anfangs für eines der Besatzungsmitglieder der *Hoheweg*. Nach Überprüfung der dänischen Behörden bestätigt sich diese Vermutung aber nicht.

Doch dann gibt die Nordsee das erste Opfer der *Hoheweg* frei. Es handelt sich um Decksmann Larsen, dessen Leiche man am 7. Dezember 2006 gegen 13.00 Uhr im Vorflutgelände von Pellworm entdeckt. Die Polizei ist zunächst zurückhaltend, spricht nur von einer unbekannten männlichen Leiche, die offensichtlich mehrere Wochen im Wasser gelegen habe. Die Identität des Decksmannes wird aber durch einen DNA-Test einwandfrei ermittelt.

Einen Tag später findet man am Strand des Kaiser-Wilhelm-Koogs bei Brunsbüttel in der Elbmündung auch den toten Steuermann, Siegfried Breitenfeld. Er wird anhand eines Zahnabgleichs identifiziert. Als Todesursache stellen Mediziner Ertrinken fest. In beiden Fällen werden die Angehörigen von den zuständigen Polizeibehörden über die Funde informiert.

Von den zwei anderen Vermissten fehlt aber weiterhin jede Spur. Wochen und Monate vergehen, ohne dass die Toten irgendwo angespült oder im Wasser treibend gefunden werden. So dauert es bis Sonntag, den 10. Juni 2007, bevor ein Sportsegler nachmittags gegen 15.00 Uhr zehn Seemeilen südlich von Helgoland einen schrecklichen Fund macht. Er entdeckt eine im Wasser treibende Leiche. Mehr als sieben Monate sind seit dem Unglück der *Hoheweg* zwischenzeitlich vergangen.

Der Segler verständigt die Wasserschutzpolizei, die den Toten aus dem Meer birgt. Ob es sich um das dritte der vier *Hoheweg*-Besatzungsmitglieder handelt, steht anfangs nicht fest. Die Polizei sagt lediglich, dass es sich der Kleidung nach zu urteilen um einen Fischer handeln dürfte. In Kiel wird der Tote von Rechtsmedizinern obduziert. Auch dadurch lässt sich die Identität nicht zweifelsfrei feststellen. Erst eine DNA-Analyse bringt Gewissheit: Es handelt sich um die sterblichen Überreste des 18-jährigen Auszubildenden der *Hoheweg*, Sören Busker.

Und der Kapitän des Fischkutters? Er wird weiterhin vermisst. Das Amtsgericht Brake hängt deshalb im Dezember 2007 eine amtliche Aufforderung aus, wonach sich Sven Hullmann bei den Behörden bis zum 18. Januar 2008 melden solle. Andernfalls werde er für tot erklärt. Der junge Fischer meldet sich nicht.

Derweil gehen die Mitarbeiter der Bundesstelle für Seeunfalluntersuchung an die Arbeit. Sie stufen den „Fall *Hoheweg*" als „sehr schweren Seeunfall" mit drei Toten und einer vermissten Person ein. Ihr Untersuchungsbericht erhält die Nummer 564/06. Auch wenn dieser Bericht offiziell nicht für Gerichtsverfahren oder Verfahren der seeamtlichen Untersuchung herangezogen werden soll, wartet unter anderem die Staatsanwaltschaft schon gespannt auf die Ergebnisse der Untersuchung.

Im Fischereihafen drängen sich Schaulustige vor dem rotweißen Flatterband – der polizeilichen Absperrung –, versuchen, einen Blick auf den Fischkutter zu erhaschen. Auch die Hafenrundfahrt scheint in diesen Tagen um eine Attraktion reicher geworden zu sein. Die Fahrgäste der Barkasse stehen an der Reling, um das Wrack sehen und fotografieren zu können.

Gegen 15.00 Uhr bringt der Kran das Wrack zur Bredo-Werft, wo es im Dock 3 abgesetzt wird. Das Schwimmdock muss abgesenkt und der Kutter ausgerichtet sowie abgepallt werden. Anschließend gehen wieder die Ermittler der Bundesstelle für Seeunfalluntersuchung und der Wasserschutzpolizei an Bord der *Hoheweg*. Ein Leichensuchhund ist mit seinem Führer abrufbereit und könnte innerhalb von 30 Minuten vor Ort sein.

Bevor die BSU mit ihren Untersuchungen entscheidend fortfahren kann, sind auf und unter Deck aber noch umfangreiche Aufräum- und Abpumparbeiten erforderlich. Am 25. Juli 2007 machen sich Entsorgungsspezialisten daran, Öl, Treibstoff und andere wassergefährdende Substanzen aus dem Wrack abzupumpen. Da die *Hoheweg* erst kurz vor ihrem Auslaufen in Bremerhaven noch rund 20 Tonnen Diesel übernommen hatte und bei der Bergung kaum Treibstoff ausgetreten war, ist davon auszugehen, dass sich erhebliche Mengen Diesel an Bord befinden. Er dürfte unter anderem für das enorme Gewicht verantwortlich sein, das der Kutter bei seiner Bergung aufwies.

Das meiste Gewicht ist allerdings auf das eingespülte Sediment sowie den Schlick und Sand zurückzuführen, der sich in den Wochen unter Wasser im Schiff angesammelt hat. Diese

Die hölzerne Ruderhaustür ist aus ihren Scharnieren gerissen worden und liegt auf dem Kartentisch.

Zwei GMDSS-Handfunkgeräte hängen unbenutzt am Niedergang.

Blick ins Ruderhaus der „Hoheweg“ nach ihrer Bergung (Backbordseite).

Arbeit ist sehr mühsam und muss von Hand mit Schaufeln erledigt werden. Nicht zuletzt ist dies erforderlich, weil nach wie vor nicht auszuschließen ist, dass sich die Leiche des Kapitäns irgendwo an Bord befindet. Aus diesem Grund sind auch immer Beamte der Wasserschutzpolizei zugegen.

Die Experten der BSU finden Indizien dafür, dass der Besatzung bewusst gewesen sein könnte, dass die Maschine ihres Schiffes stand. Zehn bis 15 Minuten, so die Fachleute, könnten vergangen sein, in denen die Männer versucht haben, den Motor wieder zu starten. „Es sind offenbar ein paar Handgriffe getan worden, die dafür sprechen", wird Jürgen Albers zitiert. Das ist allerdings nur eine von zwei Möglichkeiten. Eine andere, für die es ebenfalls Hinweise gibt, lässt vermuten, dass alles sehr schnell gegangen ist: kein Notruf, keine erkennbaren Rettungsversuche, das Radarecho der *Hoheweg* verschwand binnen weniger Augenblicke vom Schirm.

Die Fachleute nehmen das Wrack akribisch unter die Lupe, ausgerüstet mit Notizblöcken, Taschenlampen und Fotoapparaten. Sie tragen bei ihrer Arbeit weiße Overalls und erinnern ein wenig an die kriminalpolizeiliche Spurensicherung. Die Eingangstür an der Steuerbordseite auf dem Hauptdeck zum Aufbau bzw. Wohnbereich steht beispielsweise offen. Durch die Öffnung kann man in die Kombüse sehen, die derzeit aber nicht betreten werden kann. Lose Einrichtungsteile, Sand, herausgerissene Wandverkleidungen und die nicht mehr in ihren Angeln hängende Tür versperren den Zutritt. Alles wird protokolliert und fotografisch dokumentiert. Die an die Kombüse angrenzende Kapitänskajüte ist sogar bis zur Oberkante der unteren Koje mit Sand gefüllt. Auch hier versperren herausgerissene Wand- und Deckenverkleidungen den Eintritt.

Neben der Kapitänskammer befinden sich an der Steuerbordseite ein Waschraum und eine Toilette. Dieser Gang ist so hoch mit Sand blockiert, dass die Tür zum Waschraum nur noch zu einem Viertel sichtbar ist. Der Zugang zu den Wohnräumen und zum Maschinenraum unter dem Hauptdeck ist ebenfalls durch Wasser, Sand und Schlick versperrt. Die außen liegende Niedergangstreppe zum Poopdeck fehlt weitgehend.

Um den im Wrack angesammelten Sand zu beseitigen, wird das Technische Hilfswerk (THW) eingesetzt. Es handelt sich um feinen, mit Muschelkalk durchsetzten Mahlsand, der eine steinharte Oberfläche besitzt. Claus-Heiner Ohmstedt und seine Kollegen vom THW-Bremerhaven erleben schwere Stunden. Der Einsatz führt sie an die Grenzen der psychischen und physischen Belastbakeit. Gestank, schwere körperliche Arbeit, die Ungewissheit, was man im nächsten Augenblick finden wird, und die vielen persönlichen Dinge der Verstorbenen gehen an keinem spurlos vorüber. Ohmstedt erinnert sich: „Als einen der gravierendsten Momente habe ich empfunden, dass ich von dem jungen Matrosen die Geldbörse gefunden habe. Voll angefüllt mit Geldbeträgen und persönlichen Erinnerungen – eben was man so in einer Geldbörse drin hat", erzählt er einem Fernsehreporter. Sichtlich berührt setzt er hinzu: „Da war ich diesem Jungen unheimlich nahe."

Nach und nach wird das Wrack von der Polizei vollständig durchsucht. Um eine Gefährdung der Einsatzkräfte auszuschließen, müssen die zu durchsuchenden Bereiche zuerst belüftet werden. Zum Schluss bleiben nur noch die Fischräume übrig. Die Lagerräume für den Fang sind lange Zeit nicht zugänglich, da sie versandet und bis unter die Luken verschlammt sind. Es sei aber sehr unwahrscheinlich, so die Polizei, dass sich hier die Leiche des nach wie vor vermissten Kapitäns befinde. Die anderen Bereiche – Brücke, Messe, Maschinenraum und Kammern der Besatzungsmitglieder – sind von Sand freigespült worden. Hierfür hat man Löcher in den Rumpf schneiden müssen, durch die der Sand nach außenbords gespült worden ist. Danach durchsucht die Polizei mit Spürhunden die Räume – ergebnislos.

Auf dem Kartentisch finden die Beamten die hölzerne Ruderhaustür. Die Fächer des Kartentischs sind alle eingeschoben. In der obersten Schublade werden später die persönlichen Papiere, Schlüssel und das Portemonnaie des Kapitäns entdeckt. Elektronische Geräte, die man an Bord vorfindet, sind aufgrund der langen Liegezeit im Wasser nicht mehr auszuwerten. Die Brückenuhr ist unauffindbar. Dass der Bordcomputer fehlt, weiß man bereits durch die Taucher.

Der Fahrhebel befindet sich auf einer Stellung zwischen „Leerlauf" und „Langsam Voraus". Er ist mit grünem Netzgarn am Schaltkasten der Hydraulikeinrichtung für die Selbststeuerung verknotet. Wie es dazu gekommen ist, lässt sich nicht klären. Zwei GMDSS-Handfunkgeräte hängen unbenutzt oberhalb des Niedergangs an der Steuerbordseite. GMDSS steht für Global Maritime Distress and Safety System, ein weltweites Seenotfunksystem. Die Batterien der Funkgeräte sind offensichtlich nicht aktiviert worden. Auch der Radarmast mit seinen Geräten und Antennen hat den Untergang unbeschadet überstanden.

Durch die Bergungsarbeiten ist die Schanz auf der Steuerbordseite in Deckshöhe auf der gesamten Länge abgerissen worden. Nur noch am Aufbau und am Ende der Back ist sie fest. Der Wetterschutz über dem Hauptdeck fehlt nach der Bergung ebenfalls. Die Taucher, die die *Hoheweg* an der Unglücksstelle unter Wasser inspizierten, hatten ihn noch am Wrack bemerkt. Er muss durch die Strömung oder während der Bergung unbemerkt verlorengegangen sein.

Die Fischverarbeitungsmaschinen sind aus ihren Verankerungen gerissen worden und liegen nun zum Teil auf den Luken des zweiten und dritten Fischraums. Der Deckel von Luke eins – er verschloss den Netzraum – ist geöffnet. Der Alu-Deckel

Die Kortdüse erregt von Anfang an die besondere Aufmerksamkeit der Experten.

Der schwarze Deckwaschschlauch (Pfeil) hat sich im Antrieb des Schiffes verfangen.

Die „Hoheweg“ im Trockendock der Bredo-Werft.

des zweiten Fischraums ist abgerissen und liegt eingesandet an der Schanz auf der Steuerbordseite. Der Deckel des dritten Fischraums fehlt vollständig. Die Untersuchungskommission stellt fest, dass alle Korbmuttern der Luken bis zum Anschlag aufgedreht sind.

Vor den Aufbauten befindet sich eine Verteilerstation für die Deckwaschschläuche. Alle Ventile sind geöffnet. An der Backbordseite hängt wie bereits bemerkt ein schwarzer Schlauch stramm über Bord. Er ist auch acht Monate nach dem Unglück noch genauso an der Wasserleitung befestigt wie im Augeblick des Untergangs. Er verläuft geradewegs in die Kortdüse. Bei genauerer Betrachtung ist zu sehen, dass der Schlauch eingerissen ist und zwischen Propellerflügel und Düse eingeklemmt wurde. Das Schlauchende enthält Reste eines Aluminiumrohres, das Quetschspuren und Verformungen aufweist.

„Das Schiff hat vermutlich zwei Schläuche an Bord gehabt", berichtet Jürgen Albers über den Zwischenstand der Untersuchungsergebnisse. Der eine sei aus irgendeinem Grund über Bord gegangen und vermutlich in die Schraube gesaugt worden. Das könne immer mal passieren, relativiert der Experte. In diesem Fall aber ist der Propeller durch den eingeklemmten Schlauch blockiert worden. Normalerweise hätte man den Schlauch nach der Benutzung einfach wieder mit Hilfe der am Anbau angeschweißten Schlauchaufnahmeeinrichtung aufgewickelt. Der Besatzung der *Hoheweg* war das aber nicht möglich. Hydraulikrohre der nachträglich angebrachten Netzwinde auf dem Poopdeck verhinderten das, sodass der Schlauch immer von Hand aufgeschossen werden musste.

Diverse Türen stehen offen oder sind verschwunden. So zum Beispiel die Notausgangstür des Maschinenraums auf der Backbordseite, die nicht mehr vorhanden ist. Die Zugangstür zur Back mit Store, Kabelgatt und Kettenkasten ist geöffnet und durch Sand blockiert. An der Tür, stellen die BSU-Experten fest, sind nur drei Vorreiber vorhanden, wovon der obere schon länger zu fehlen scheint. Rostspuren legen diesen Verdacht nahe. Die Türgriffe fehlen ebenfalls.

Der Storeraum selbst ist zwar mit Sand gefüllt, aber noch begehbar. Diverse Ausrüstungsteile, Ölzeug, Netze und Ketten liegen lose herum. Der Deckel des geöffneten Kettenkastens ist mit einer quer gespannten Kette arretiert.

Die Scherbretter und die hinteren Blöcke für die Kurrleinen sind nicht mehr an Bord des Wracks zu finden. Das Backbord-Scherbrett war schon während der Tauchgänge nicht entdeckt worden. Das Steuerbord-Scherbrett lag hingegen unter dem Fischkutter, was auf den von Tauchern aufgenommenen Bildern deutlich zu sehen ist. Nach der Bergung ist allerdings nur noch die zum Steuerbord-Scherbrett führende Kurrleine in den Umlenkungen auf der Back und des vorderen Galgens verblieben.

Der von der See-BG vorgeschriebene, 178 Kilogramm schwere Reserveanker ist an Deck ebenfalls nirgends zu entdecken. An der Stelle, an der er sich hätte befinden müssen, ist nur noch ein Stehbolzen als Halterung zu sehen. Ist er beim Untergang verlorengegangen? Oder war die *Hoheweg* ohne diesen Anker unterwegs?, fragen sich die Mitarbeiter der BSU.

Die Untersuchungskommission steht vor einem Puzzle und versucht, die vorgefundenen Steine richtig zusammenzusetzen: Der Schlauch in der Kortdüse wird den Propeller blockiert haben, wodurch das Schiff höchstwahrscheinlich manövrierunfähig geworden ist, so die Überlegungen. Nachdem die Mannschaft das feststellt, hat sie Sorge, bei dem herrschenden Sturm auf die Nordergründe zu treiben. Wollte man das eventuell durch eine Notankerung verhindern? Oder schmiss der Kapitän den Anker bewusst über Bord, um die „Nase" seines Schiffs danach mehr in den Wind drehen zu können?

Etwas später wird die reguläre Ankeranlage genauer unter

die Lupe genommen. Hierbei stellt sich heraus, dass das Kettenfallrohr mit Bauschaum gegen einen Wassereintritt in den Kettenkasten verschlossen wurde. Man entnimmt ein Stück der Ankerkette aus diesem Bereich und schickt es an das Institut für Werkstoffkunde und Schweißtechnik nach Hamburg. Hier soll eine genauere Analyse erfolgen. Der Verdacht keimt auf, dass nicht nur die Ankeranlage in keinem optimalen Zustand war, als die *Hoheweg* und deren Besatzung ihr Schicksal ereilte. ◀

Unfallforschung im Labor

▶ Die polizeilichen Suchmaßnahmen im Wrack der *Hoheweg* werden am 30. Juli 2007 vorläufig beendet. Der Untersuchung unmittelbar am Wrack durch die BSU folgen umfangreiche und monatelange Analysen, Gutachten und Berechnungen am Schreibtisch sowie im Labor. Einer der Gegenstände, der dabei buchstäblich mikroskopisch genau angeschaut wird, ist der schwarze Deckwaschschlauch, der über der Schanz der *Hoheweg* hing und die Kortdüse blockierte. Kaum vorzustellen, dass ein simpler Gummischlauch, der einen Außendurchmesser von nur 50 Millimetern und eine Wandstärke von gerade mal 6,3 Millimetern besitzt, die Ursache für den Tod von vier Menschen sein könnte.

Um genau das festzustellen, beauftragt die BSU den Diplom-Ingenieur Professor Diederichs mit einem Gutachten. Dieser besichtigt das Wrack zwei Mal, am 31. Juli und 8. August 2007. Unter anderem stellt er fest, dass der so genannte Freischlag – das ist der Raum zwischen Propellerblatt und Innenseite der Kortdüse – je nach Stelle zwischen 5,0 und 11,4 Millimeter betrug. Dies deutet auf eine Fertigungsungenauigkeit hin, ist aber noch kein Beweis dafür, dass sich der Schlauch deshalb in der Düse verklemmte und die Antriebsanlage lahmlegte.

Mechanische Beschädigungen sind an den Propellerflügeln nicht festzustellen, wohl aber am Endstück des Schlauchs, das aus Aluminium besteht. Vermutlich geriet der Schlauch in die Düse, während sich der Propeller noch drehte.

Mittels einer Materialprobe finden die Wissenschaftler heraus, dass es durch das Hindernis im Antrieb zunächst zu einem Drehzahleinbruch mit deutlich hörbaren, stoßartigen Pumpgeräuschen des Turboladers gekommen sein muss, bevor er vollständig zum Stillstand kam.

Das von der Ankerkette entnommene Stück wird beim Institut für Werkstoffkunde und Schweißtechnik in Hamburg untersucht. Es stellt sich heraus, dass die Kette stark angerostet war. Der Durchmesser ihrer Glieder lag zwischen 11,5 und 14,5 Millimeter. Die ursprüngliche Stärke betrug rund 16 Millimeter. Korrosion kann hierfür allein nicht die Ursache sein. Vermutlich hat die Kette schon mehrere Jahre im Kettenkasten vor sich hingerostet und hätte längstens gewechselt werden müssen. Das allein hätte aber auch nichts genützt: Durch die umfangreichen Umbauten unter anderem der Ankereinrichtung in den Jahren 2003/2004 sei es nämlich unmöglich gewesen, so die BSU, den Anker schnell fallen zu lassen. Hierfür seien zahlreiche Arbeitsschritte erforderlich gewesen.

Hier stellt sich die Frage, wie so ein Zustand der Berufsgenossenschaft bei einer ihrer Inspektionen entgehen konnte. Aus den Akten der See-BG geht nichts über diesen Umbau hervor. Der Besichtiger notierte laut BSU-Bericht lediglich am 21. Juni 2005: „Ankerwinde reparieren und vorführen." Dies wurde im Rahmen einer Nachbesichtigung am 20. Juli 2005 von der See-BG als erledigt protokolliert und der Fahrerlaubnisschein bis zum 19. Juli 2007 verlängert. Eine Fallprobe sei damals nicht möglich gewesen, so der Besichtiger später, da sich die *Hoheweg* zu diesem Zeitpunkt im Dock befunden hätte.

Hinsichtlich der Ankeranlage räumt die See-BG im Zuge der Untersuchungen des *Hoheweg*-Unglücks ein, dass diese offenbar nicht nur nach, sondern auch schon vor der letzten Besichtigung des Schiffes umgebaut worden war. Zuletzt seien zwei Anker an Bord der *Hoheweg* von der Berufsgenossenschaft festgestellt worden: einer auf der Back und ein Reserveanker, festgezurrt an Deck.

Bezüglich der nicht durchgeführten Ankerfallprobe heißt es in der Stellungnahme der See-Berufsgenossenschaft: „Der See-BG-Besichtiger hatte den Eindruck, dass der Reeder den

Auch die Ankerkette wurde genau untersucht.

Querschnitt durch den Schlauch, der sich in der Kortdüse verfing.

Anker ohnehin nur für die Besichtigung ‚angebracht' hatte." Außerdem geht die See-BG davon aus, dass die Ankeranlage zum Zeitpunkt des Unglücks nicht mit der zum Besichtigungstermin im Sommer 2005 identisch gewesen sei.

Die BSU bezweifelt die Funktionalität und Praktikabilität dieser Ankeranlage. Die See-BG weist aber auf Gepflogenheiten hinsichtlich der „Ankertechnik" auf Fischereifahrzeugen hin, wonach es zum Beispiel üblich zu sein scheint, mit Hilfe einer Fischereiwinde zu ankern und nur bei Bedarf eine Ankereinrichtung mittels Kettenvorlauf, Draht und Kurrleine herzustellen.

Ein weiterer Punkt, der mathematisch-wissenschaftlich untersucht werden muss, betrifft das Krängungsverhalten der *Hoheweg*. Wie schon vor der Hebung des Wracks bekannt wurde, hatte bis dahin nur ein einziger Werft-Krängungsversuch mit dem Kutter stattgefunden. Dieser erfolgte am 19. Januar 1974 und diente dazu, das Schiffsgewicht und die Schwerpunkte festzustellen. Danach wurden nur noch fünf Stabilitätsfälle berechnet, nicht aber praktisch getestet. Die See-BG teilte seinerzeit dem Eigner mit: „Es ist deshalb im Schiffsbetrieb darauf zu achten, dass Öffnungen in der Poop bei ungünstiger Witterung wetterdicht verschlossen werden. Das Gewicht von Deckslast (Fang an Deck) ist auf ein unumgängliches Mindestmaß zu beschränken."

Im Laufe der Jahre dürfte diese Empfehlung in Vergessenheit geraten sein. Die Gesamtschiffsmasse und die Schwerpunkte – besonders der Höhenschwerpunkt – werden sich verändert haben, was wiederum einen negativen Einfluss unter anderem auf die Stabilität des Kutters gehabt hätte.

Um den Verdacht insbesondere nach den nicht genehmigten Umbauten des neuen Eigners zu prüfen, plant die Untersuchungskommission zunächst, mit dem gehobenen und wieder schwimmfähig gemachten Kutter einen erneuten Krängungsversuch durchzuführen. Doch der Zustand des Schiffes ist so schlecht, dass man diesen Gedanken rasch verwirft. Die bei dieser Gelegenheit erzielten Ergebnisse wären sehr zweifelhaft und unseriös. Sie würden keiner juristischen Überprüfung standhalten können.

Stattdessen zieht man die Messwerte von 1974 heran und modifiziert sie um die durch Umbauten veränderten Gewichte und Schwerpunkte. Hierbei sind vor allem die neue Netzwinde, der Spiegelschutz und die Aufschleppe auf dem Poopdeck mit einem Gesamtgewicht von 9,4 Tonnen sowie die 2,24 Tonnen schwere Fischverarbeitungsanlage auf dem Hauptdeck zu berücksichtigen. Insgesamt war die *Hoheweg* aufgrund der Umbauten im Laufe der Jahre um 18,86 Tonnen schwerer geworden. Der Schwerpunkt wanderte um 0,36 Meter nach oben.

Im Rahmen der Untersuchungen stellt sich heraus, dass die *Hoheweg* zum Zeitpunkt des Unglücks vermutlich keines der in der UVV See (Paragraph 245) geforderten Stabilitätskriterien und Mindestwerte erfüllt haben dürfte. Besonders auffällig sei laut BSU-Bericht und den Berechnungen des Gutachters der sehr geringe Stabilitätsumfang von nur 33,4 Grad. Vor dem Umbau hätte die *Hoheweg* nach Meinung von Jürgen Albers und Harald Erdbeer den geforderten Rollwinkel von 60 Grad nach jeder Seite ertragen. „Danach waren nur noch eben über 30 Grad vorhanden", erläutern die beiden BSU-Mitarbeiter.

Zusätzlich wurde die Stabilität unter den Aspekten „starker Wind" und „Rollen" berechnet. Auch hierbei ergibt sich, dass die *Hoheweg* die von der International Maritime Organization (IMO) geforderten Werte nicht erfüllt hat. Bereits bei einer Neigung von 27,8 Grad hätte durch eine offenstehende hintere Aufbautür in der Poop Wasser eindringen können. Weil sie nach der Bergung des Schiffes in einer ungesicherten Position gefunden wurde, muss davon ausgegangen werden, dass durch diese Tür zumindest zusätzliches Wasser eindrang, was zu einem beschleunigten Sinken des Kutters beitrug.

Für einen Kenterunfall kommen theoretisch verschiedene Ursachen in Frage. Deshalb werden von der BSU mehrere Szenarien rechnerisch simuliert. Hierbei konzentriert man sich zunächst auf die „natürlichen" Faktoren, also Wind und Seegang. Anhand von Unterlagen über die in den Jahren 2004 bis 2006 durchgeführten Seereisen der *Hoheweg* in Nord- und Ostsee erkennt die BSU, dass der Kutter seit seinem Umbau 2003/2004 keine Windstärken größer als sieben Beaufort erlebt haben kann. Die Reederei hingegen gibt an, dass nach Aussage des Kapitäns zeitweise an Bord Windstärken über neun Beaufort geherrscht haben sollen. Wo und wann das gewesen sein könnte, lässt sich nicht mehr nachvollziehen.

Durch Informationen der Verkehrszentrale Bremerhaven (Weser Traffic) weiß die BSU, dass am 8. November 2006 um 20.18 Uhr in dem betreffenden Seegebiet ein südwestlicher Wind von sechs bis sieben Beaufort wehte. Wegen drehender Winde aus westlicher bis nordwestlicher Richtung mit Böen um neun Beaufort wurde eine Windwarnung ausgesprochen.

Um die Wetterverhältnisse exakter kennenzulernen und in die Aufklärungsarbeit des Unfalls einzuarbeiten, wird der Deutsche Wetterdienst gebeten, ein amtliches Gutachten über die Wetter- und Seegangsverhältnisse zum Zeitpunkt des Unglücks anzufertigen. Demnach entwickelte sich in der zweiten Tageshälfte des 8. November 2006 eine Randstörung zu einem Tiefdrucksystem über der Nordsee, das nach Südschweden zog. Das Frontensystem dieses Tiefs überquerte die Deutsche Bucht am Abend von Nordwesten her. Dabei regnete es zeitweise. Die Lufttemperatur stieg nachts bis auf 13 Grad Celsius. Die Wassertemperatur betrug zehn bis zwölf Grad Celsius. Die kennzeichnende Wellenhöhe dürfte bei zirka drei Metern ge-

Kurrleinenwinde Vorkante Brücke. Rechts ist der Notausgang des Maschinenraums zu sehen, dessen Tür bei der Bergung nicht mehr vorhanden war.

Die losgerissene und umgestürzte Fischverarbeitungsanlage.

legen haben, was als moderat anzusehen ist. Zum Vergleich: Wenige Tage vor dem Unglück zog das Orkantief „Britta" über dasselbe Seegebiet und erreichte Wellenhöhen von zirka sieben Metern.

Sowohl für die Ermittlungen des Seegangs als auch der Windverhältnisse werden die Messdaten des Leuchtturms „Alte Weser" herangezogen. Auf ihm befindet sich eine Seegangsmessstation des Wasser- und Schifffahrtsamtes Bremerhaven. Demnach herrschten am 8. November 2006 um 20.44 Uhr in dem Seegebiet eine Windstärke zwischen 17,5 und 19,5 Metern pro Sekunde. Dies entspricht acht Beaufort. Die Daten der Verkehrszentrale Bremerhaven und der Station am Leuchtturm „Alte Weser" sind also im Wesentlichen deckungsgleich und bestätigen sich gegenseitig. Die Daten werden darüber hinaus vom Kapitän des MS *Helgoland* bestätigt. Er hatte die Unglücksstelle rund fünf Minuten vor dem Untergang passiert.

Die BSU beginnt, mit den einzelnen Faktoren zu jonglieren, und geht jetzt von einer höheren Windstärke aus, als am Unfalltag nachweislich geherrscht hatte. Außerdem wird ein mögliches Verrutschen der drei Tonnen schweren Eisladung und zusätzlich der 2,24 Tonnen schweren Fischverarbeitungsanlage angenommen. Unter diesen Umständen, so wird errechnet, wäre der Fischkutter bei zehn Beaufort Wind und einem Verrutschen der über fünf Tonnen schweren Massen nicht mehr zu halten gewesen.

Parallel versucht man, die Grenzbereich der Instabilität bei Wellen aus 180, 135 und 90 Grad zu ermitteln. Die Wellenhöhe von drei Meter wird als Eingangswert herangezogen. Hätte die Wellenhöhe darüber gelegen, so die BSU, wäre das Schiff bei der vorliegenden Wellencharakteristik auf jeden Fall gekentert.

Als dritte Variante untersucht die BSU, ob ein überspültes Hauptdeck als Kenterungsgrund infrage kommt. Hier spielt der Gedanke an eine mächtige Welle, die das Deck der *Hoheweg* zwischen Back, Poop und den beiden Schanzkleidern überflutet haben könnte, eine Rolle. Heraus kommt, dass die *Hoheweg* bei spätestens 23,5 Zentimeter Wasserhöhe an Deck so stark gekrängt hätte, dass sie unweigerlich gekentert wäre. Bei quer einfallendem Wind von 35 Knoten wäre der Kutter sogar schon bei 21,9 Zentimeter Wasser an Deck untergegangen.

Auf einen weiteren Grund, weshalb die *Hoheweg* gekentert sein dürfte, stieß die Bremer Studentin Monique Hähre im Rahmen ihrer Bachelorarbeit an der Hochschule Bremer. Die Teilnehmerin des Studiengangs Schiffbau und Meerestechnik befasste sich dabei mit Stabilitätsberechnungen im Zusammenhang mit Kenterunfällen und richtete ihr besonderes Augenmerk auf die *Hoheweg*.

Monique Hähre nahm sich unter anderem die Stabilitätsberechnung vom 19. Januar 1974 vor, nach der der damalige Neubau schließlich seine Zulassung erhielt. Was früher von Hand gerechnet werden musste, lässt sich heute per Computer nachprüfen. Dabei fiel ihr auf, dass die ehemalige *Roswitha* – und spätere *Hoheweg* – von Anfang an den geforderten Stabilitätsumfang von 60 Grad je nach angenommenem Ladezustand nicht oder nur knapp einhielt. Die Schiffbauingenieurin kommt deshalb zu der Feststellung, „dass bereits der Neubau eine eher grenzwertige Intaktstabilität mit wenig bis gar keinen Reserven“ besaß.

Weitere Ungereimtheiten fielen der Studentin auf. So seien die für die Stabilitätsberechnung angenommenen Tankinhalte unrealistisch gewesen, weil von einer hundertprozentigen Füllung der Tanks ausgegangen und die Dichte des Dieselöls fälschlich zu hoch angesetzt worden seien. Darüber hinaus seien ihrer Ansicht nach die Höhenschwerpunkte der

Tanks auf der Backbordseite und des Vorrattanks im Vorschiff zu hoch angesetzt worden.

Im Rahmen ihrer Arbeit untersuchte Monique Hähre auch die Schiffsbewegungen in den gegebenen Seegangsbedingungen hinsichtlich der Auswirkungen und Einflüsse auf einen möglichen Stabilitätsverlust. Dabei kommt sie zu dem Ergebnis, dass die *Hoheweg* in erster Linie „durch die Seegangsverhältnisse und den Geschwindigkeitsverlust durch Ausfall der Hauptmaschine ins Rollen geraten" sei, was schließlich zur Kenterung geführt hätte. Das Schiff sei Begebenheiten ausgesetzt gewesen, „die zu einem Aufschaukeln geführt haben könnten. Dabei wurde das durch die offen stehende Pooptür aufgenommene Wasser im Schiff hin und her geschwenkt und führte sowohl zu zusätzlichen Massen als auch stabilitätsverringernden freien Oberflächen". Letztendlich aber dürfte ihrer Meinung nach das Zusammenspiel dieser und womöglich weiterer Einflüsse zum Stabilitätsverlust und späteren Kenterung geführt haben.

Im offiziellen Untersuchungsbericht ist nachzulesen, dass es nach Ansicht der Experten auszuschließen sei, dass die Maschine der *Hoheweg* vor dem Untergang weder durch eine Sicherheitseinrichtung noch infolge Kraftstoffmangels zum Stillstand kam. Das Antriebsaggregat stand bereits still, als größere Mengen Seewasser in den Maschinenraum eindrangen. Zwischen Ausfall des Motors und Untergang dürften nach Expertenmeinung zwischen vier und sechs Minuten gelegen haben. Die Anfangstheorie, wonach die Besatzung unter Umständen bis zu 15 Minuten Zeit gehabt hätte, um sich in Sicherheit zu bringen, scheidet damit aus. Doch auch so blieb zumindest noch Zeit genug, einen Notruf abzusetzen und Hilfe zu verständigen. Stellt sich die Frage: Warum geschah dies nicht? ◀

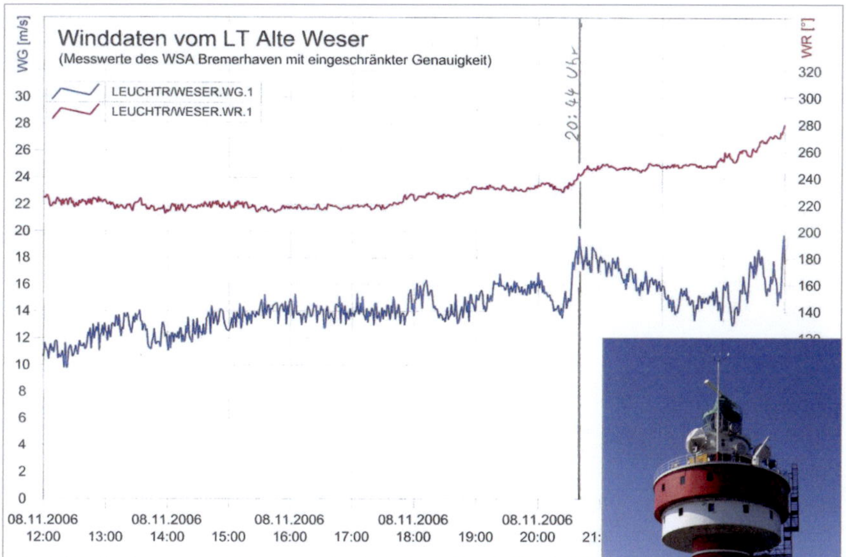

Windrichtung und Stärke am Leuchtturm „Alte Weser" (kleines Foto) zum Zeitpunkt des Untergangs.

Die vom Wasser- und Schifffahrtsamt Bremerhaven ermittelte Wellenhöhen am 8. November 2006.

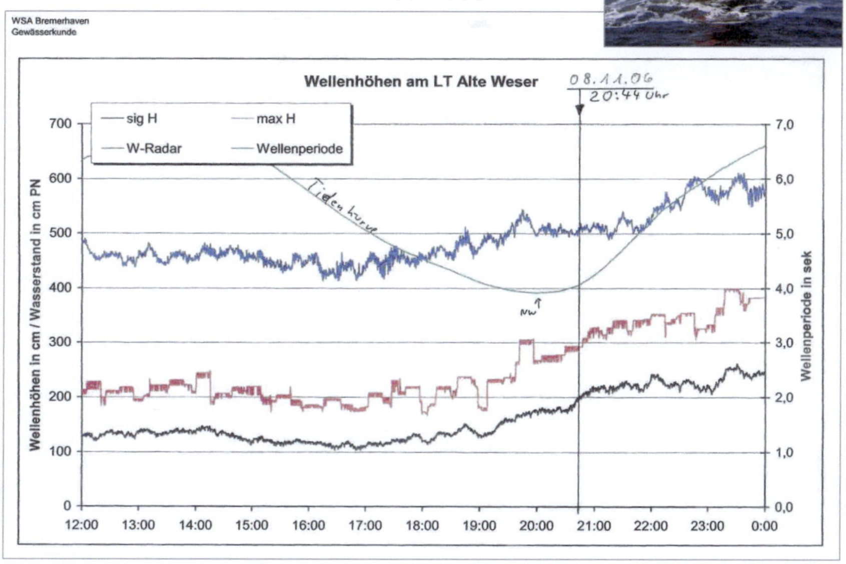

Juli 1988: Die „Roswitha“ im neuen Hafen von Bremerhaven.

»So sollte das Schiff nicht enden«

▶ Kaum jemand dürfte die *Hoheweg* besser gekannt haben als Klaus Krukau. Der Maschinenbauer begleitete in den 70er Jahren den Bau des Kutters, arbeitete anschließend 16 Jahre an Bord und dokumentierte schließlich den Abwrackprozess in Bremerhaven im August 2007. Seine Erinnerungen stecken in zwei Fotoalben sowie unzähligen Dias und Super-8-Filmen.

„Der erste Eigner war Friedrich Jarchau", erzählt der heute 70-Jährige. Jarchau stammte aus einer alteingesessenen Travemünder Fischerfamilie. Doch während sein älterer Bruder schon mit eigenem Kutter in der Ostsee auf Fischfang ging, arbeitete Friedrich Jarchau noch auf der HATRA-Werft als Schiffsmaschinenbauer. Erst als die Geschäfte der Werft schlechter gingen und Mitarbeiter entlassen wurden, wandte sich auch Friedrich Jarchau dem Fischfang zu. Er ging bei seinem älteren Bruder auf dem Kutter *Susann* in die Lehre und absolvierte bei ihm die Fischereiausbildung.

Mit Anfang 20 machte er sein Patent und durfte fortan eigenverantwortlich Fischkutter steuern. Zunächst erwarb Jarchau einen ehemaligen Kriegsfischkutter, die *Gneisenau*. Sie wurde in *Ursula II* umbenannt. Mit diesem Fischkutter ging der frischgebackene Schiffsführer dann auf Fangreise. Drei Matrosen begleiteten ihn dabei. Zwischen Weihnachten und Ostern hielt sich die *Ursula II* vorwiegend in der Ostsee auf und ging auf Dorschfang. Das restliche Jahr über war man in der Nordsee unterwegs, um Kabeljau und Seelachs zu fischen. Außerdem wurde der Beifang verwertet. Nur im Sommer kehrte für ein paar Wochen Ruhe ein, wenn der Kutter in die Werft musste, um gründlich überholt und für die nächsten Reisen vorbereitet zu werden.

„Heimathafen der *Ursula II* war anfangs Travemünde, später

dann Bremerhaven", erinnert sich Klaus Krukau, der zu dieser Zeit noch auf der HATRA-Werft arbeitete und seinem ehemaligen Kollegen Friedrich Jarchau freundschaftlich verbunden geblieben war. Die beiden sahen sich aber nur sporadisch, höchstens am Wochenende. Die übrige Zeit war Friedrich Jarchau entweder auf See oder in Bremerhaven. Die Hafenstadt an der Wesermündung versuchte damals nämlich, Jungfischer von der Ostseeküste unter anderem mit neuen Eigenheimen abzuwerben. Anfangs ließ Jarchau nur seine *Ursula II* in Bremerhaven registrieren, hatte seinen Wohnsitz aber weiterhin in Travemünde. Erst 1969 beendete er das Leben als Wochenendpendler und zog nach Bremerhaven. Hier ließ er sich mit seiner Frau Roswitha nieder.

Anfang 1973 zeichnete sich ab, dass für die *Ursula II* Ersatz gebraucht würde. Die besten Tage des ehemaligen Kriegsfischkutters lagen schon länger zurück, sodass man am 25. Juni 1973 die Dietrichs-Werft in Oldersum bei Emden mit einem Neubau beauftragte. Die Kiellegung erfolgte einen Monat später, und am 14. November desselben Jahres feierte man die Schiffstaufe. Taufpatin war die Ehefrau des Eigners, Roswitha Jarchau. Ihr zu ehren wurde der Neubau denn auch nach ihr benannt.

Der Neubau war ein Stahlschiff des „Bremen"-Typs, dessen Entwicklung damals das Land Bremen finanziell gefördert hatte. Die *Roswitha* wurde in den Büchern der Julius-Dietrichs-Werft unter der Baunummer 124 geführt. Als Schwesterschiff war bereits 1971 die *Ute Jarchau* in Dienst gestellt worden. Sie war auf der Ewers-Werft in Niendorf an der Ostsee gebaut worden.

Mit ihrer dreiköpfigen Besatzung plus Kapitän war die *Roswitha* fortan vor allem im Nordatlantik sowie entlang der norwegischen Küste unterwegs. Im Winter suchte sie die Gewässer der östlichen Ostsee bis zum Gotlandtief und rund um Bornholm auf, um vor allem Dorsch zu fangen.

Foto aus der Bauphase. Es entstand am 27. Oktober 1973.

Nachdem Mitte November 1973 die Schiffstaufe erfolgt war, wurden noch Feinarbeiten an Bord durchgeführt, wie dieses Foto zeigt. Es entstand am 28. November 1973.

Bis zu zwei Wochen waren die Männer dann auf See, um Hunderte von Zentnern Fisch an Bord zu hieven und sofort zu verarbeiten. Den Rekord stellte der Mai 1984 dar, als man 1850 Zentner fing. Der Fang war so immens, dass die Stauräume unter Deck nicht mehr ausreichten, um die Fische zu lagern. In Kisten wurde er deshalb zusätzlich an Deck gestaut. Die *Roswitha* lag in diesen Tagen so tief wie nie zuvor im Wasser. Nur dank der ruhigen See gelang es, den gesamten Fang ohne Verluste nach Hause zu bringen. Bei nur etwas bewegter See wären die Kisten vermutlich reihenweise über Bord gegangen.

Klaus Krukau erinnert sich an die Zeiten noch sehr gut. Der gelernte Maschinenbauer hatte zunächst weiterhin auf der HATRA-Werft gearbeitet. Doch als diese verkauft wurde und Entlassungen anstanden, entschloss sich Krukau zu einem Berufswechsel. Friedrich Jarchau hatte ihn schon zuvor dafür gewinnen können, den Bau der *Roswitha* zu beaufsichtigen. Jetzt, nachdem das Schiff fertig gestellt war und sein Job als Werftaufsicht zu Ende ging, wollte Klaus Krukau die Jungfernfahrt mitmachen. Es reizte ihn, hautnah mitzuerleben, wie sich „sein“ Schiff unter den meist kabbeligen Verhältnissen der Nordsee und des Nordatlantiks verhielt, und zur Stelle zu sein, falls es mal Probleme mit der Maschine geben sollte.

„Aus der einen Reise wurden dann schließlich 16 Jahre“, schmunzelt Krukau rückblickend. Friedrich Jarchau hatte ihn zum Bleiben überredet. Im ersten Jahr, in dem die *Roswitha* auf Fangreise ging, kümmerte sich der gelernte Maschinenbauer hauptsächlich um den Motor des Fischkutters. Da war er noch als zusätzliche Kraft – also quasi vierter Matrose – an Bord. Danach aber machte der mittlerweile 33-jährige Krukau seine Ausbildung zum Matrosen und packte fortan sowohl beim Ausbringen als auch Einholen der Netze sowie dem anschließenden Verarbeiten des Fangs mit an. Für die Maschine der *Roswitha* blieb er aber weiterhin zuständig. „Jeder an Bord muss bestimmte Zusatzarbeiten übernehmen", erläutert er, „deshalb kümmerte ich mich während der Reisen um den Motor."

Das Leben an Bord stellte eine große Umstellung für den ehemaligen Werftarbeiter dar, der an harte Arbeit aus seinem früheren Berufsleben eigentlich gewöhnt war. Doch „bis zum Schluss war ich die ersten Tage an Bord immer seekrank", so Klaus Krukau. Hinzu kam die Arbeit ohne geregelte Pausen und kaum Schlaf. Die Fische diktierten, wann und wo eine kurze Unterbrechung möglich war. Zeigte das Echolot einen Schwarm an, musste das Netz so schnell wie möglich ausgebracht und 200 bis 300 Meter hinter dem Kutter hergezogen werden. Danach folgte die Schleppfahrt, die vor Norwegen zirka sechs Stunden, in der Ostsee aber auch schon mal 16 bis 18 Stunden dauerte – je nachdem, wie üppig die Schwärme waren. Unabhängig von Tages- oder Nachtzeit, egal, welches Wetter und welche Temperaturen gerade herrschten. Ein so genannter „Hol" hatte immer Vorrang vor allem anderen. Und während der eine Fang an Bord verarbeitet und in die unter Deck liegenden, mit Eis gefüllten Fischräume gebracht wurde, kam das Netz schon wieder ins Wasser und der Kapitän setzte die Schleppfahrt fort, um den nächsten Hol sicherzustellen. Bis zu 30 Stunden waren die Männer dann zum Teil auf den Beinen, ehe es eine Möglichkeit zum Verschnaufen gab.

Freizeit an Bord gab es kaum; sie beschränkte sich meist auf die Zeit des Auslaufens und auf die Heimreise, wenn die Fischräume voll und die Arbeit getan war. Zwischendurch wurden die Pausen mit essen und schlafen verbracht, denn niemand wusste, wann sich hierfür das nächste Mal eine Gelegenheit ergab. Neben der Kapitänskammer, die etwas unterhalb der Brücke auf dem Hauptdeck lag, gab es im Heck unter Deck eine Gemeinschaftskammer. Sie befand sich etwa in Höhe des

Maschinenraums und erstreckte sich über dem Wellentunnel. Lärm, Hitze und Vibrationen waren hier fast ständig vorhanden, da die Männer in diesem Raum ohne Bullaugen auskommen mussten. Wer hier Schlaf finden wollte, musste sehr erschöpft sein... Zwei übereinander liegende Doppelkojen, kleine Stores für die privaten Dinge eines jeden Besatzungsmitglieds, eine Eckbank sowie ein Tisch waren die einzigen nennenswerten Einrichtungsgegenstände. Der Fernseher blieb meist ausgeschaltet.

Ähnlich zweckmäßig-nüchtern war die Kombüse eingerichtet, die auf dem Hauptdeck im rückwärtigen Teil lag. Derjenige, der als letztes an Bord kam, war traditionell für die Verpflegung zuständig und musste zeigen, dass er nicht nur ein guter Seemann, sondern auch ein passabler Koch war. Als Smut hatte er den Vorteil, dass er früher als die anderen von Deck durfte, um das Essen vorzubereiten. Drei warme Mahlzeiten täglich waren selbstverständlich. Die schwere körperliche Arbeit erforderte eine sehr kalorienreiche Ernährung. Schon zum Frühstück verdrückten die Männer deshalb Pfannkuchen und Dorschfilets, Rühreier und Milchsuppe. Fisch – es liegt auf der Hand – dominierte den Speiseplan.

Stand nicht gerade der Fischfang im Mittelpunkt, mussten Arbeiten an Deck wie zum Beispiel das Spleißen von Tauen durchgeführt werden. Darüber hinaus war es Aufgabe der Matrosen, den Kapitän im Fahrstand abzulösen, also mit auf Wache zu gehen. Land sahen die Männer auf ihren Reisen eher selten und wenn, dann in der Regel nur aus der Ferne. Häfen wurden unterwegs so gut wie nie angelaufen.

Selbst bei Sturm blieb Friedrich Jarchau lieber draußen auf See, als in einem Hafen Schutz zu suchen. „Er war einer von denen, die bei schlechtem Wetter als letztes einliefen", berichtet Klaus Krukau. Das hatte vor allem wirtschaftliche Gründe: Da nicht für alle Schiffe unmittelbar an der Pier Platz vorhan-

Im Februar 1985 blieb die „Roswitha“ vor Kiel im Eis stecken.

Auch im Februar 1974 hatte die Besatzung mit starkem Eisgang zu kämpfen.

den ist, liegen zum Teil zwei und drei Kutter nebeneinander. Der Fischkutter, der nun als letztes einläuft, wird später der erste sein, der wieder auf Fangreise gehen kann. Er hat also einen zeitlichen Vorsprung gegenüber seinen Konkurrenten, die nach einem Sturm möglichst genauso schnell wieder auslaufen und ihre Netze auswerfen möchten. Der Zeitvorteil ist aber manches Mal entscheidend dafür, ob man einem Schwarm allein oder mit mehreren Kuttern nachjagen kann. Da lohnt es sich schon mal, schweres Wetter auf See zu ertragen, um anschließend den anderen zuvorzukommen.

In all den Jahren, in denen Krukau unter Kapitän Jarchau auf Seereise war, lief die *Roswitha* nur zwei- oder dreimal den Hafen von Ålesund in Norwegen an, um sich vor Stürmen in Sicherheit zu bringen. Und im einen oder anderen Fall auch dann nur auf den sanften Druck der Küstenwache hin, weil die Meteorologen verheerende Stürme vorhergesagt hatten. Unabhängig davon wurde Hanstholm im Norden Dänemarks angelaufen, um den Fang zu löschen und das Schiff neu auszurüsten. In der Ostsee war die *Roswitha* öfters in den Häfen von Rønne und Nexö auf Bornholm zu Gast.

Besonders in der Ostsee, wo Kapitän Jarchau nach Auskunft seiner Witwe Roswitha Jarchau „sein Geld verdiente“, war der Wettbewerb unter den Fischern groß. Neben deutschen Kuttern aus dem West- und Ostteil des Landes waren hier auch Fischereifahrzeuge aus Dänemark und Schweden, Polen und der Sowjetunion anzutreffen. „Manchmal waren bis zu 120 Fahrzeuge in einem Sechs-Meilen-Bereich unterwegs“, erzählt Klaus Krukau. „Da musste man gehörig aufpassen, dass man nicht das Netz eines anderen überfuhr.“ Die Politik spielte zwischen den Fischern nur eine untergeordnete Rolle. Berührungsängste mit den Kollegen aus dem Ostblock gab es nicht. Im Gegenteil, stieß einer der Fischer auf einen größeren Schwarm, informierte er über Funk die anderen Boote in der Umgebung, sodass man gemeinsam von dem Vorkommen profitieren konnte. Erst später, als der Konkurrenzkampf härter wurde, ließ diese Solidarität nach. Dann fand nur noch ein gezielter Informationsaustausch zwischen befreundeten Fischern über so genannte „schwarze Kanäle“ per Funk statt.

Unangenehm war es, so Krukau, wenn die sowjetische oder norwegische Küstenwache an Bord kam. Sie ließen sich die Log- und Fangtagebücher vorlegen, aus denen hervorging, wann und wie viel gefangen worden war, und kontrollierten die Maschenweite. Durch Versandung und den ständigen Kontakt mit dem Salzwasser neigten die Maschen dazu, zu schrumpfen. Ärger war da vorprogrammiert.

„Noch strenger als die Sowjets waren allerdings die Norweger“, erzählt Klaus Krukau. Wer in die norwegischen Hoheitsgewässer einfahren wollte, musste sich zuvor telegrafisch anmelden und die Erlaubnis abwarten. Stieß die Fischereiaufsicht bei ihren Kontrollen auf Unregelmäßigkeiten, wurden der betreffende Kutter eingeschleppt und die Netze beschlagnahmt. „Die Strafen waren drakonisch“, so Krukau, und konnten umgerechnet mehrere tausend D-Mark betragen. „Zum Teil mussten die Frauen in Deutschland das Geld anweisen, weil man so viel Bargeld gar nicht dabei hatte.“ Erst nachdem der Betrag eingegangen war, durfte der Kutter wieder auslaufen.

Brenzlig konnte es auch werden, wenn ein westdeutscher Kutter der DDR-Küste zu nahe kam. Zwölf Meilen Abstand sollten offiziell eingehalten werden. Doch gerade bei der Anfahrt auf Travemünde kürzte der eine oder andere westdeutsche Fischer gerne mal ein paar Seemeilen durch die ostdeutschen Hoheitsgewässer ab. Der *Roswitha* war die Küstenwache der DDR bei einer solchen Gelegenheit schon mal dicht auf den Fersen, konnte den Fischkutter aber nicht mehr rechtzeitig abfangen, weil er zu schnell war und nach Travemünde „entwischte“. Jarchau und seine Männer bemerkten hiervon gar nichts, aber der Bundesgrenzschutz hatte die Verfolgung auf dem Radarschirm beobachtet, den geheimen Code der DDR-Küstenwache entschlüsselt und informierte den Kapitän wenig später darüber. Manche Fischer hatten bei anderer Gelegenheit aber weniger Glück und wurden nach Wismar eingeschleppt. Sie durften ihre Heimreise erst Tage später nach Zahlung einer saftigen Strafe – in Devisen, versteht sich – antreten.

Am 23. Dezember 1989 starb Friedrich Jarchau nach kurzer Krankheit. Seine Witwe verkaufte im Januar 1990 die *Roswitha* an die Braker Firma Hullmann, die das Schiff in *Hoheweg* umbenannte. Klaus Krukau blieb noch anderthalb Jahre an Bord. Doch der alte Geist wie zu Zeiten von Kapitän Jarchau verflog schnell. Der neue Eigner setzte andere Prioritäten, betrachtete sein neues Schiff als Arbeitsgerät, dessen Kosten sich möglichst schnell amortisieren sollten. Krukau kam mit dieser Mentalität nicht klar. „Mir blutete das Herz", beschreibt er seine Gefühle von damals. Schweren Herzens verließ er deshalb die *Hoheweg*, um zur HBA zu wechseln, dem heutigen Bremenports. Dort arbeitete er auf Schleppern und Schuten bis zu seinem 63. Lebensjahr, ehe er in Rente ging. „Sein" ehemaliges Schiff sah er zwischendurch immer wieder, wenn es in Bremerhaven an der Pier lag, um die Ladung zu löschen oder Eis zu übernehmen. Kontakt zu Hullmann gab es da aber schon länger nicht mehr. Dieser war rasch eingeschlafen, nachdem Klaus Krukau abgemustert hatte.

Die Nachricht vom Untergang der *Hoheweg* schockierte Krukau und Roswitha Jarchau, die mittlerweile seine Lebensgefährtin geworden war, zutiefst. Unzählige Erinnerungen verbinden beide mit dem Fischkutter, der so plötzlich untergegangen sein sollte. Sie verfolgten in den Medien die Suche und standen auch später einem Fernsehteam zur Verfügung, das das Schicksal der *Hoheweg* in einem Dokumentarfilm behandelte. Als die *Hoheweg* geborgen wurde, befand sich das Paar

Sommer 1974: Die „Roswitha" in bewegter See in der Ostsee.

Im Herbst 1974 fing die Besatzung der „Roswitha" diesen zirka zwei Meter langen Aal.

Roswitha Jarchau, Witwe des ehemaligen Eigners, und Klaus Krukau mit einem Modell des Schiffes. Der Kutter findet sich auch im Hintergrund als Motiv auf dem Fenster wieder.

auf Kreuzfahrt. Vergeblich versuchten sie, deutsche Zeitungen zu bekommen und sich so über den Fortgang der Bergungsarbeiten zu informieren. Erst in Telefonaten mit dem Sohn daheim erfuhren sie, dass das Wrack erfolgreich gehoben und nach Bremerhaven gebracht worden war.

Mit seinen Emotionen kämpfen musste Klaus Krukau auch, als die BSU an ihn herantrat und fragte, ob er für die Behörde die Abwrackarbeiten in der Werft begleiten und dokumentieren könnte. Die Wasserschutzpolizei hatte in dieser Zeit immer wieder Fragen zum ursprünglichen Zustand des Schiffes. Manche Dinge an Bord des Wracks konnten sich die Beamten nicht erklären, sodass Klaus Krukau ihnen in vielen Fällen die Antworten lieferte.

„Das waren bewegende Momente", erinnert sich Krukau, der zwischen seinem 32. und 48. Lebensjahr ununterbrochen auf diesem Schiff gearbeitet hatte. „Einerseits tut es sehr weh, wenn man sieht, wie das Schiff so Stück für Stück weggeht." Andererseits sei es auch sehr interessant zu sehen, wie sich solch ein Kutter im Laufe seines „Lebens" verändere.

Auch Roswitha Jarchau ließ es sich nicht nehmen, zweimal in der Werft vorbeizuschauen und bei der Demontage zuzuschauen. „So sollte das Schiff nicht enden", meint sie, die die spätere *Hoheweg* am 14. November 1973 selbst getauft hatte. „Aber das Schiff ist zu ersetzen, die Menschen, die beim Untergang ihr Leben verloren, leider nicht." ◀

Bittere Erkenntnis

▶ Da der Bordcomputer der *Hoheweg* im Wrack nicht mehr aufzufinden war, ist der Unglückshergang anhand der Aufzeichnungen der Revierzentralen und der AIS-Signale der *Christine* rekonstruiert worden. Laut BSU habe der Verlust des Computers insofern zu keinen weiteren Beeinträchtigungen der Ermittlungen geführt. Die letzte Aufzeichnung von der Radarstation „Alte Weser" der Verkehrszentrale Bremerhaven wurde um 20.42 Uhr registriert. Auch nach den Daten der Verkehrszentrale Cuxhaven verliert sich das Signal der *Hoheweg* um 20.42 Uhr.

Die AIS-Daten der *Hoheweg* wurden von der *Christine* als Track gesichert und auf einer elektronischen Seekarte dargestellt. Dadurch war es anschließend der Wasserschutzpolizei und der BSU möglich, die letzten Manöver und Positionen der *Hoheweg* nachzuvollziehen.

Demnach drehte die *Hoheweg* um 20.37 Uhr aus dem Fahrwasser Alte Weser Richtung Norden. Die Geschwindigkeit betrug zu diesem Zeitpunkt neun Knoten. Um 20.41 Uhr stieg die Geschwindigkeit auf 9,3 Knoten, reduzierte sich aber binnen einer Minute auf 4,4 Knoten. Vermutlich ging bei oder während dieser Kursänderung der auf der hinteren Poop liegende Wasserschlauch an der Backbordseite unbemerkt über Bord und verklemmte sich zwischen Propeller und Kortdüse.

Für 20.43 Uhr wurden nur noch drei Knoten gemessen. Außerdem hatte sich der so genannte Kreiselkurs deutlich verändert. Sowohl Fahrt und Position als auch Kurs (40,4 Grad) bleiben von da an bis zum Erlöschen des Signals fast unverändert. Ursache hierfür kann ein verändertes Sendeintervall der AIS-Daten sein. Bei Geschwindigkeiten von weniger als drei Knoten werden die Signale alle drei Minuten übertragen. Liegt die

Geschwindigkeit darüber, erfolgt die Übertragung alle zehn Sekunden. Eine Minute später war das Signal des Fischkutters nicht mehr vorhanden. Zu diesem Zeitpunkt befand sich MS *Helgoland* ein bis zwei Seemeilen von der *Hoheweg* entfernt. Das Ausbleiben der AIS-Signale ab 20.44 Uhr deutet darauf hin, dass ab diesem Zeitpunkt die *Hoheweg* keine Stromversorgung mehr besaß, um den AIS-Sender oder das GPS-Empfangsgerät zu betreiben.

Alle Indizien sprechen dafür, dass die *Hoheweg* in intaktem Zustand über die Steuerbordseite gesunken ist. Hinweise auf Fremdeinwirkung werden nicht gefunden. Insofern geht die BSU von einem Verlust der Stabilität aus. Hierfür sind vermutlich die diversen Umbauten an Bord verantwortlich, durch die sich die Stabilitätswerte der *Hoheweg* erheblich verschlechtert haben. Sie führten letztlich zusammen mit den äußeren Einflüssen (Wind und Wellen) zum Untergang des Kutters. Alternative Ursachen für das Unglück wie „Netzhaker" am Grund, überdurchschnittlich hohe Welle quer von der Seite oder Grundsee werden von den Gutachtern als – zum Teil deutlich – unwahrscheinlicher betrachtet. „Die massiven Verschlechterungen der Stabilitätswerte, bedingt durch den Umbau des Schiffes im Jahre 2003/2004, sind ursächlich für eine Kenterung. Die Kenterung wurde durch die äußeren Belastungen aus Seegang, Windeinfluss und Wasser auf dem Hauptdeck ausgelöst. Möglicherweise wurden eine starke Schlagseite und der beschleunigte Untergang des Schiffes durch Übergehen von Ausrüstungsteilen und Eisladung oder das Wassernehmen durch offenstehende Türen und Luken begünstigt. Durch ein Blockieren des Propellers hatte der Schiffsführer keine Chance, das Schiff durch Fahrtbeschleunigung, verbunden mit Kursänderungen, zu stabilisieren."

Nach den Umbauten hatte die *Hoheweg* nur noch einen Stabilitätsumfang von 33,4 statt 60 Grad. Allein der Einfluss von

Wellenlänge, -höhe und -richtung ließen das Schiff kentern. Es war also in erster Linie nicht der durch einen Schlauch blockierte Antrieb, der zu dem Unglück führte, wie manche Medien berichteten. Der blockierte Propeller hatte keinen Einfluss auf die Stabilität des Fischkutters, wohl aber auf dessen Manövrierfähigkeit. Auch mit der Ursprungsleistung von 412,2 Kilowatt wäre der Motor durch den Schlauch abgewürgt worden. Insofern hatte die Drosselung der Maschine keinen Einfluss auf den Verlust des Schiffes.

„Der sehr schwere Seeunfall wäre vermeidbar gewesen, wenn nach den letzten Umbauten die Stabilitätskriterien der See-BG eingehalten worden wären. Bei Beachtung dieser Vorschriften wäre das Fahrzeug nicht gekentert", stellt die BSU in ihrem Untersuchungsbericht fest. Jörg Kaufmann, Leiter der Bundesstelle für Seeunfalluntersuchung, fügt in einem Fernsehinterview zu den selbst vorgenommenen Arbeiten an der Pier in Brake hierzu: „Wenn dort Umbauarbeiten durchgeführt werden, sind die meldepflichtig bei der Aufsichtsbehörde, in diesem Fall der See-Berufsgenossenschaft. Nur dann haben die Berufsgenossenschaft und deren Besichtiger die Möglichkeit, diese dort durchgeführten Umbaumaßnahmen zu überprüfen und eben auch festzustellen: ist das Schiff seetüchtig, ja oder nein?"

Das Fazit der BSU klingt drastisch und lässt keinen Zweifel daran, wer ihrer Meinung nach die Hauptschuld an dieser Tragödie trägt: „Nachdem, was wir als Erkenntnis aus der Untersuchung haben, eindeutig ein Versäumnis des Eigners und Kapitäns", so Jörg Kaufmann von der BSU. Beweise für diese schwere Behauptung gibt es nach Ansicht der Bundesbehörde zur Genüge. Dies hätten die Untersuchungen erbracht. „Verantwortlich für die Einhaltung der Stabilitätsvorschriften sind die Reederei und der Kapitän. Warum bei den letzten Umbauten, die nicht von einer Werft durchgeführt wurden, diese Vorschriften missachtet wurden und kein Sachverstand bei einem Schiffbauingenieur eingeholt wurde, ist nicht nachvollziehbar", schreibt die BSU in ihrem Bericht.

Man könne nicht erwarten, dass der Besichtiger der See-BG „nach etwa zwei Jahren, wenn er auf dasselbe Schiff wieder zurückkommt, sich noch genau an jede Einzelheit erinnert", nimmt Jörg Kaufmann die Mitarbeiter der See-Berufsgenossenschaft in Schutz. Insoweit mache die Verpflichtung des Eigners, bauliche Veränderungen zu melden, durchaus Sinn.

Gleichwohl kommt die See-BG nicht ganz ungeschoren davon: „Bei einer Inaugenscheinnahme des Generalplans und einer Einsichtnahme in die Stabilitätsunterlagen hätten die gravierenden Umbauten sofort auffallen müssen", heißt es im Untersuchungsbericht.

Im Zusammenhang mit dem Untergang des Fischkutters *Neptun* im Jahre 2003 hatte die BSU Sicherheitsempfehlungen an die See-BG, Reedereien und Schiffsführer herausgegeben. Hierbei ging es besonders um die Einhaltung, Überprüfung und Überwachung von Stabilitätsvorschriften. „Dieser jetzige sehr schwere Seeunfall hat gezeigt, dass diese Empfehlungen noch nicht beachtet werden", kritisiert die BSU.

Die See-BG wehrt sich gegen den indirekt erhobenen Vorwurf, wonach der Besichtiger der See-BG eine Mitschuld am Untergang des Fahrzeuges trage. „Das muss ganz klar zurückgewiesen werden", nimmt die Berufsgenossenschaft Stellung. Die See-BG macht darauf aufmerksam, dass zwischen den letzten beiden Besichtigungen zirka zwei Jahre lagen und ein Besichtiger in dieser Zeit zwischen 600 und 800 Fahrzeuge inspiziert. Es sei daher nicht zu erwarten, dass man sich an alle baulichen Gegebenheiten des letzten Besuchs erinnere. Außerdem sei die nachträglich eingebaute Netzwinde ein ge-

Um die Netzwinde auf der Poop unterzubringen und um das Steuerbord-Scherbrett zu haltern, wurden 2003/2004 das Poopdeck und die Seitenbeplattung verlängert.

Der Abwrackprozess im fortgeschrittenen Stadium.

Das Ruderhaus wurde abgenommen und wird neben dem Wrack zerlegt.

brauchtes Exemplar gewesen, sodass auch rein optisch nicht sofort festzustellen gewesen wäre, dass es Umbauten an Bord gegeben hätte. „Im Übrigen müssen wir darauf hinweisen, dass auf Fischereifahrzeugen dieser Größe regelmäßig keine detaillierten Generalpläne zur Einsichtnahme vorliegen."

Der Anwalt des ehemaligen Reeders der *Hoheweg* bemerkt zum Untersuchungsbericht, „dass in keiner Bewegungssituation des Schiffes (…) auch nur ansatzweise Stabilitätsbeeinträchtigungen festgestellt wurden". Die *Hoheweg* sei „extrem seetüchtig" gewesen und „selbst bei schwerer seitlicher See im hohen Maße stabil" geblieben. Eine Gewichtsverlagerung des Schwerpunktes nach oben infolge der Umbauten werde „ganz erheblich bezweifelt", so der Jurist.

Entsprechend schließt Hullmanns Anwalt Stabilitätsprobleme als Grund für den Untergang aus. Zum einen bezweifelt er, dass die im Bericht herangezogenen Daten über Wind und Seegang mit den Bedingungen an der Untergangsstelle gleichzusetzen seien. Seiner Ansicht nach könnte es unter anderem durchaus zu Grundseen gekommen sein. Zum anderen geht er davon aus, dass es eine Verkettung diverser Gründe gibt, die schlussendlich zum Verlust des Schiffes führten. Er nennt hier zum Beispiel Wind- und Witterungsverhältnisse, nautische Fehlentscheidung und den Ausfall des Antriebs „aufgrund des in den Seebedingungen über Bord gegangen Schlauches".

„Weder die auf dem Schiff eingesetzten Kapitäne, noch die darauf tätigen Seeleute, noch der vom späteren Untergang betroffene Reeder hatten irgendwelche Hinweise darauf, dass der FK *Hoheweg* in seiner Stabilität beeinträchtigt sein könnte", so der Anwalt des Reeders weiter. Er kritisiert, dass ausschließlich theoretische Berechnungen statt tatsächlicher Krängungsversuche für die Untersuchung herangezogen wurden. Insofern unterlägen die Betrachtungen der BSU „erheblichen Bedenken“ und würden weder den Stabilitätszustand des Schiffes noch dessen Seegangsverhalten realistisch wiedergeben.

Der Anwalt legt außerdem die eidesstattliche Erklärung eines Mannes vor, der zwischen 1993 und 1997 als Kapitän auf der *Hoheweg* fuhr. Demnach sei der Kutter bereits vor dem Kauf durch die Firma Hullmann mit einem Wetterschutz und einer Fischverarbeitungsanlage ausgerüstet gewesen. Das Achterdeck sei sowohl zu seiner Zeit als auch schon zuvor vom Vorbesitzer als Lagerfläche unter anderem für Reservenetze genutzt worden. Auch hätte man damals bereits auf der Überdachung des Arbeitsdecks bis zu 600 Fischkisten verstaut gehabt. „In meiner gesamten Fahrenszeit auf dem Fischkutter *Hoheweg* sind keine Stabilitätsprobleme, egal bei welcher Wetterlage und Beladung, aufgetreten“, so der ehemaligen *Hoheweg*-Kapitän.

Auch der Besatzung und hier vor allem dem Kapitän wird durch die BSU ein nicht unerheblicher Teil der Schuld zugesprochen. So veranlasst die vorgefundene Situation an Bord der *Hoheweg* die BSU zu der generellen Feststellung, „dass zum Unfallzeitpunkt nicht alle Öffnungen ordnungsgemäß seefest verschlossen waren“. Hierfür sei vor dem Auslaufen prinzipiell die Besatzung zuständig gewesen. Technisch wäre es demnach offenbar auch möglich gewesen, Türen und Luken mit Vorreibern, Muttern sowie Gummidichtungen zu sichern.

Bei den offen stehenden Türen zur Back bzw. zum Aufbau geht die BSU noch davon aus, dass diese von der Besatzung erst im Zusammenhang mit dem Unfall geöffnet wurden. Bei den offenen Luken dürfte das aber nicht der Fall gewesen sein. „So wie die vordere Luke zum Netzraum bei der Bergung vorgefunden wurde und auch anhand der Stellung der Verschlüsse der beiden Fischluken, muss davon ausgegangen werden, dass diese nicht seefest verschlossen waren“, kritisiert das BSU.

Ebenfalls als Kritik in Richtung Besatzung ist zu werten,

dass der Schlauch in die Kortdüse geraten konnte. „Zum seefesten und seetüchtigen Zustand eines Schiffes gehört es auch, dass verhindert wird, dass Ausrüstungsteile über Bord gewaschen werden. Zur guten Seemannschaft gehört die sichere Befestigung der Deckwaschschläuche, Leinen, Festmacher und Ähnliches", doziert die BSU. Warum der Schlauch überhaupt zum Poopdeck verlegt worden war, konnte nicht mehr geklärt werden.

Die BSU fand nach eigenen Angaben Indizien dafür, dass die Besatzung eventuell nach dem Maschinenausfall versucht haben könnte, noch eine Notankerung vor den Nordergründen durchzuführen. Hierfür sprächen zum Beispiel der nicht mehr aufgefundene Anker sowie die offenen Türen zur Back und zum Maschinenraum, um von dort das erforderliche Werkzeug herbeizuschaffen. Ohne dieses wäre ein Ankern nicht möglich gewesen.

Anscheinend verfügte die *Hoheweg* zum Zeitpunkt des Notfalls nur noch über einen Anker – statt über die vorgeschriebenen zwei –, der erst durch Einschäkeln einer Kurrleine klar zum Fallen gewesen wäre. „Ob nach dem Umbau 2003/2004 die Ankereinrichtung benutzt wurde und die Besatzung ausreichend mit der neuen Ankermethode vertraut war, konnte nicht geklärt werden", stellt die BSU fest. In den verbleibenden drei bis vier Minuten dürften diese Arbeiten aber kaum durchzuführen gewesen sein.

Obwohl sowohl die Rettungsmittel als auch die Funkausrüstung der *Hoheweg* den Vorschriften entsprachen, wurde kein Notruf abgesetzt. Warum, lässt sich nicht mehr klären. Die Fachleute gehen aber davon aus, dass die Besatzung von der Schnelligkeit des Untergangs überrascht worden sein könnte. Vom vorgeschriebenen Radartransponder (SART), Typ SA50, der Firma Simrad fehlte jede Spur.

Vermutlich verließ der Kapitän nach dem Ausfall des Antriebs die Brücke, um im Maschinenraum nach den Ursachen zu suchen. Als das Schiff Augenblicke später kenterte, bestand keine Möglichkeit mehr, einen Notruf abzusetzen, die Handfunkgeräte in Betrieb zu nehmen oder den Radartransponder zu aktivieren.

Die EPIRB dürfte durch den Wasserdruck selbsttätig aufgeschwommen sein und zu senden begonnen haben. Die Boje befand sich auf dem Peildeck der *Hoheweg* auf der Backbordseite und war mit einem automatischen Wasserdruckauslöser ausgerüstet. Diese Stelle kam erst bei einer Steuerbord-Schiffsneigung von 98,9 Grad zu Wasser.

„Die Notalarmierung mittels dieser EPIRB und die Suche nach dem verunglückten Schiff waren nicht optimal", urteilt die BSU ferner. „Die vorhandene EPIRB konnte nur das 406-MHz-Signal und das Peilsignal auf 121,5 MHz senden, jedoch – bauartbedingt – nicht die aktuelle GPS-Position." Ob die Übermittlung der genauen Position den Tod der vier Besatzungsmitglieder verhindert hätte, lässt sich heute nicht mehr feststellen und darf höchstens spekuliert werden.

Am Ende ihres Untersuchungsberichtes spricht die BSU zahlreiche Empfehlungen aus, die aus den Erkenntnissen des *Hoheweg*-Unglücks gewonnen werden konnten. An die Adresse von Eigentümern, Betreibern und Schiffsführern gewandt wird geraten, bei baulichen Veränderungen die Stabilitätskriterien zu beachten. Umbauten und Veränderungen seien der See-BG mitzuteilen. Ein seefester Verschlusszustand müsse technisch herzustellen sein. Die Besatzung habe hierauf während des Auslaufens und auf See zu achten. Bei Umbauten der Ankereinrichtung seien die gängigen Vorschriften zu beachten, und Seenotrettungsmittel wie Rettungsringe und Rettungswesten müssten vorschriftsmäßig beschriftet sein und sollten griffbereit gelagert werden. Zum Schluss wird noch empfohlen, EPIRB-Modelle zu verwenden, die auch die GPS-

Position aussenden, selbst wenn dies derzeit noch nicht Vorschrift ist. In diesem Zusammenhang ergeht an das Bundesverkehrsministerium die Bitte, in internationalen Gremien dafür einzutreten, dass EPIRB grundsätzlich auch die aktuelle GPS-Position aussenden müssen.

Die See-BG wird aufgefordert, ihre Inspekteure auf die genannten Empfehlungen hinzuweisen und entsprechend zu schulen. Außerdem sollten die Besichtiger dafür sensibilisiert werden, auf bauliche und technische Veränderungen zu achten.

Die Berufsgenossenschaft zieht ihrerseits interne Konsequenzen aus dem Fall. Ulrich Schmidt von der Schiffssicherheitsabteilung der See-BG erklärt auf Nachfrage, dass zwischenzeitlich alle Besichtiger mit Digitalkameras ausgerüstet worden seien, „um den Zustand der Schiffe zum Zeitpunkt der Besichtigung zu dokumentieren und bei der Folgebesichtigung Vergleichsmaterial zu haben. Damit kann weitgehend ausgeschlossen werden, dass gravierende Umbauten wie bei der *Hoheweg* übersehen werden". Darüber hinaus seien alle Besichtiger angewiesen worden, „bei jeder Besichtigung ausdrücklich nach Um- und Einbauten zu fragen".

Am 15. März 2008 wird der offizielle Untersuchungsbericht der Bundesstelle für Seeunfalluntersuchung veröffentlicht. Die in dem Bericht erwähnten – und zum Teil kritisierten – Stellen haben zuvor eine 60-tägige Erklärungsfrist erhalten, um Stellung zu nehmen und die Dinge aus ihrer Sicht darzustellen. Diese Darstellungen sind seitens der BSU unkommentiert im offiziellen Untersuchungsbericht aufgenommen worden.

Die Ursachenforschung ist damit abgeschlossen. Das Wrack der *Hoheweg* wird nicht mehr benötigt und existiert zu diesem Zeitpunkt schon gar nicht mehr. Bereits Anfang August 2007

Jürgen Albers (links) und Harald Erdbeer von der BSU.

Mangelhafter Verschlusszustand, in diesem Fall die Tür zur Back. Hier fehlten Türgriffe und ein Vorreiber. Eine Belüftungsklappe liegt geöffnet auf der Tür.

Eine offenbar vor dem Untergang nicht verschlossene Luke. Die vorhandenen Korbmuttern waren ebenfalls bis zum Gewindeende aufgedreht.

hat die Bredo-Werft als neuer Besitzer des Wracks damit begonnen, den Fischkutter abzuwracken. Teile der Ausrüstung wie Kortdüse und Propeller können anderweitig genutzt werden, der Schrott wird verwertet. Für eine komplette Wiederherstellung des Wracks finden sich anscheinend keine Interessenten.

Bis dass die Schneidbrenner ihr Werk am ehemals blauweiß lackierten Schiffsrumpf vollziehen, haben die Hinterbliebenen des 27-jährigen, weiterhin vermissten Kapitäns gehofft, im Wrack seine Leiche zu finden. Am 17. August 2007 findet die letzte polizeiliche Durchsuchung in den Resten des schon deutlich zerlegten Wracks statt.

Zunächst ist der Fahrstand vom Rumpf abgetrennt und mit einem Kran abgehoben worden. Während man die Brücke, mit Seepocken übersät und leeren Fensteröffnungen, beiseite geschafft hat, sind die Arbeiter darangegangen, nebenan den Bauch des Schiffes aufzuschneiden und den Stahl zu zerlegen. Die Arbeiten sind nahezu unter Ausschluss der Öffentlichkeit durchgeführt worden.

Von der Öffentlichkeit weitgehend unbemerkt bleibt auch, dass die Staatsanwaltschaft kurz nach Veröffentlichung des BSU-Berichts wieder Ermittlungen gegen den Besichtiger der See-Berufsgenossenschaft und den Eigner des Schiffes aufnimmt. Der Reeder, der bei dem Unfall seinen eigenen Sohn verloren hat, steht unter Verdacht, den Tot der vier Besatzungsmitglieder fahrlässig verursacht zu haben. Ausschlaggebend für diesen Vorwurf ist die Feststellung der BSU, wonach die nicht genehmigten Umbauten an Bord des Fischkutters dessen Untergang maßgeblich mit beeinflusst haben.

Der Beklagte wehrt sich mit Hilfe seines Anwalts vehement gegen die Beschuldigungen der BSU und muss sich trotz seines Leids auch noch den Ermittlungen der Staatsanwaltschaft stellen. In den Medien wird der beschuldigte Reeder mit den

Worten zitiert, es handele sich um „eine Fehleinschätzung, die ihm, seiner Familie und seinem Unternehmen Schuld zuweist, ohne die tatsächlichen Umstände des Unglücks wirklich aufgeklärt zu haben".

Die BSU habe „teilweise oberflächlich" gearbeitet, so der Eigner, der ferner der BSU „unrichtige Rückschlüsse" vorwirft, was sich vor allem auf die nachträglichen baulichen Veränderungen auf dem Achterdeck bezieht. Hätte die Bundesstelle für Seeunfalluntersuchung mit dem Wrack Versuche unter realen Bedingungen statt nur Computersimulationen durchgeführt, wäre man zu anderen, für ihn günstigeren Ergebnissen gekommen, lässt der Beschuldigte wissen.

Auch den Vorwurf, er habe die See-BG nicht über die Umbauten informiert, bestreitet er. Sie seien offiziell abgenommen gewesen, so die Behauptung des Braker Geschäftsmannes. Dem widerspricht indes Siegfried Schreiber, Leiter des Referats Nautik bei der See-Berufsgenossenschaft: „Der Reeder hat uns nie informiert, dass er so eine Neun-Tonnen-Winde aufs oberste Deck gebaut hat."

Die Staatsanwaltschaft Oldenburg hatte schon einmal Ende 2006 gegen den Eigner des Kutters ermittelt. Lotsen wurden befragt, Wetterberichte gesichtet und die Frage geprüft, wer das Auslaufen angeordnet hatte. Außerdem ging es damals bereits um den Tatverdacht der fahrlässigen Tötung aufgrund unangemeldeter Umbaumaßnahmen. Doch im Januar 2007 wurde dieses erste Verfahren eingestellt, weil es zum damaligen Zeitpunkt keine Anhaltspunkte für ein schuldhaftes Verhalten gab. Wäre es damals allein nach der Staatsanwaltschaft gegangen, hätte die *Hoheweg* seinerzeit auch nicht gehoben werden müssen. Doch da hatte das Wasser- und Schifffahrtsamt das letzte Wort und entschied bekanntlich anders, was jetzt für den Reeder Konsequenzen haben könnte.

Die Staatsanwaltschaft nimmt ihre Ermittlungen wieder

auf. Mit einem Ergebnis, heißt es anfangs, sei frühestens in vier Wochen zu rechnen. Am Ende hat es dann drei Monate gedauert, bis dass beide Verfahren eingestellt worden sind.

Anfang Juni 2008 teilt Staatsanwalt Rainer du Mesnil de Rochemont mit, dass es keine hinreichenden Tatnachweise gebe. Allein die Einschätzung der BSU, wonach die *Hoheweg* am „wahrscheinlichsten" aufgrund der Umbauten gesunken sei, reiche der Staatsanwaltschaft nicht aus. Andere Faktoren seien dadurch nicht gänzlich auszuschließen, was gegen eine Anklage des Eigners spräche.

Der Mitarbeiter der See-BG stand unter Verdacht, in fahrlässiger Unkenntnis der Umbauarbeiten die Fahrerlaubnis der *Hoheweg* verlängert zu haben. Man billigt ihm aber „mangelndes Bewusstsein möglicher Instabilität des Schiffes" zu, sodass die Staatsanwaltschaft auch in seinem Fall von einer Anklage absieht. Für ihn seien „weder die Gefährdung noch die Tötung der Besatzungsmitglieder vorhersehbar gewesen".

Die Angehörigen und Freunde der verstorbenen Besatzungsmitglieder versuchen derweil, mit dem Verlust fertig zu werden. Für manche ist das Ergebnis der Untersuchung unbefriedigend. Sie misstrauen der offiziellen Version des Unfallhergangs. Als Indiz werten sie zum Beispiel, dass das Wrack so schnell – sogar noch vor der Veröffentlichung des Untersuchungsberichts – verschrottet wurde. Nicht nur hinter vorgehaltener Hand wird gemunkelt, dass da Beweise für den „wahren Grund der Katastrophe" beseitigt werden sollten.

Tanja Larsen ist mit ihrer persönlichen Trauer erfüllt. „Wir waren zusammen wie ein Paar Schuhe, uns gab's doch nur zusammen", erzählt sie einem Journalisten. Die Frau hat mit ihren Kindern die Wohnung in Sassnitz vorübergehend verlassen und ist aufs Land gezogen. Verwandte kümmern sich um sie und die Kinder.

„Für uns bleibt da ein ungutes Gefühl zurück", zitiert die Nordwest-Zeitung aus Oldenburg Sören Buskers Großvater. „Wirklich helfen kann uns sowieso niemand", sagt Fokko Busker. „Sören ist tot, kein Gutachten und keine Versicherung geben ihn uns zurück."

Der 18-jährige Auszubildende ist in Pakens bei Hooksiel beerdigt worden. Sein Großvater besucht das Grab häufig, grübelt über das Unglück, dessen Umstände und versucht, die „schwere Sache" auf diese Weise zu verarbeiten. Wie es zu der Katastrophe kommen konnte, ist ihm weiterhin ein Rätsel, „wo alles so genau kontrolliert wird".

Juristische Schritte gegen den Arbeitgeber Sören Buskers will die Familie nicht einleiten. Der Reeder sei gestraft genug, so Fokko Busker. Außerdem hoffe er für ihn, dass dieser nicht seinen Betrieb aufgeben müsse: „Da sind auch viele junge Leute, die da ihr Geld verdienen müssen. Wenn der Mann nicht mehr kann und sie machen alles zu, da ist ja keinem mit geholfen." ◀

1. AP: Hoffnung auf Überlebende aufgegeben, Hamburger Abendblatt, Hamburg, 10. November 2006
2. ASSMANN, Mario: Spekulationen um Hoheweg-Untergang, Weser-Kurier, Bremen, 30. März 2007
3. BINNIG, Jochen: Erste Untersuchung am Wrack, Radio Bremen, Buten un Binnen, 26. Juli 2007
4. BISCHOFF, Karin: Auf den Grund gegangen, Berliner Zeitung, 9. Mai 2001
5. BSH: BSH-Schiff ATAIR ortet verschollenen Kutter „Hoheweg“, Pressemitteilung, Hamburg, 15. November 2006
6. BSH: Geburtstagsjubiläum für BSH-Schiff ATAIR, Pressemitteilung, Hamburg, 9. August 2007
7. BSH: http://www.bsh.de/de/Meeresdaten/Seevermessung_und_Wracksuche/Wracksuche/side-scan-sonar.jsp
8. BSH: Untersuchungsbericht zum WK des Fischkutters Hoheweg, Tauchgang am 11.04.2007, 12. April 2007, an Bord der „Wega“
9. BSU: Jahresbericht 2006, Hamburg, Juni 2007
10. BSU: Kollision des FK Grietje Bos mit FK Gretje GRE8 mit einem Toten in der Nähe von Borkum am 11. Juni 2004 um 02.32 Uhr MESZ, Untersuchungsbericht 138/04, 21. Februar 2005
11. BSU: Kollision MS „Gina-R.“ – FK „Liebe“ am 14. Februar 2003 vor Fehmarn, Untersuchungsbericht 40/03, 4. Juli 2003
12. BSU: Untergang des Fischkutters HOHEWEG am 8. November 2006 im Bereich Alte Weser, westliche Nordergründe. Untersuchungsbericht 564/06, 15. März 2008.
13. BSU: Untergang des FK Neptun am 30. Juli 2003 in der Hafeneinfahrt von Norddeich, Untersuchungsbericht 226/03, 5. März 2004
14. BSU: Verpuffung an Bord des FK Harmonie am 2. August 2004 vor Baltrum, Untersuchungsbericht 202/04, 1. März 2005
15. BUNDESMARINE: http://www.marine.de/portal/a/marine/waffenun/, April 2009
16. DEUTSCHER BUNDESTAG: Antwort der Bundesregierung auf die Kleine Anfrage der Abgeordneten Konrad Kunick, Ilse Janz, Gerd Andres und weitere zum Thema „Sicherheit in der Deutschen Bucht und Schutz des Ökosystems Wattenmeer“, Drucksache 13/661 vom 1. März 1995
17. DPA: Fischkutter Hoheweg soll gehoben werden, Ostsee-Zeitung, Rostock, 27. Februar 2007
18. DPA: Nach Kutter-Unglück Verfahren gegen Eigner eingestellt, Ostsee-Zeitung, Rostock, 26. Februar 2007
19. DPA: Noch keine Spur vom Kapitän, Weser-Kurier, Bremen, 28. Juli 2007
20. DPA: Vermisster Kutter in Außenweser geortet, NWZonline, Oldenburg, 15. November 2006
21. DPA: Wetter verzögert Bergung der Hoheweg, Weser-Kurier, Bremen, 7. Juli 2007
22. DPA: Zweite Wasserleiche identifiziert, NWZonline, Oldenburg, 13. Dezember 2006
23. HAHNE, Joachim (Hrsg.): Handbuch Schiffssicherheit – Erkennen, Bewerten, Entscheiden, Handeln, Hamburg 2006
24. HÄHRE, Monique: Kenterung und Stabilitätsbilanz des FK HOHEWEG vor dem Hintergrund der Stabilitätsberechnungen und ihrer Regelwerke im Zusammenhang mit Kenterunfällen, Bremen, o.J.
25. HERBST, Florens: DGzRS bricht Suche ab, Radio Bremen, Buten un Binnen, 9. November 2006
26. HEROLD, Chris-Marco/SCHWANDT, Thomas: Unglück schockiert Rügener Fischer, Ostsee-Zeitung, Rostock, 10. November 2006
27. HEUMER, Wolfgang: Experten setzen auf stumme Zeugen, Weser-Kurier, Bremen, 25. Juli 2007
28. HEUMER, Wolfgang: Gefährliches Geduldsspiel, Weser-Kurier, Bremen, 24. Juli 2007
29. HEUMER, Wolfgang: Hoheweg hatte keine Chance, Weser-Kurier, Bremen, 16. März 2008

30. HEUMER, Wolfgang: Warum die Hoheweg kenterte, Welt online, 29. März 2008

31. HINNERS-STOMMEL, Dirk: Interview mit dem Verfasser, Bremen, April 2009

32. HÖLTJE, Hans-Hermann: Cuxhaven – Fischkutter in der Deutschen Bucht vermisst, Pressemitteilung der DLRG, o.O. 9. November 2006

33. JESSEN, Elisabeth: 21.04 Uhr – die Hoheweg verschwand, Hamburger Abendblatt, Hamburg, 10. November 2006

34. KAHNWALD, Andreas/KINKARTZ, Werner/WILD, Karsten: Untergang und Bergung des Fischkutters „Hoheweg", Zwischen Weser und Ems, 41/2007, WSD-Direktion Nordwest, Bremerhaven 2007

35. KAUFMANN, Jörg: Warum ist die Hoheweg gesunken? Interview, Radio Bremen, Buten un Binnen, 17. März 2008

36. KEHREN, Margot: Kapitän war gewissenhaft, Ostsee-Zeitung, Rostock, 14. November 2006

37. KIRCHGÄßNER, Jonne: Interview mit dem Verfasser, Bremervörde 29. Januar 2009

38. KÖSTER, Christoph/SCHULTE, Frank: Gefährliche Bergung der Hoheweg, Radio Bremen, Buten un Binnen, 23. Juli 2007

39. KÜSTERMANN, Andreas: Beluga – menschliches Versagen?, Rügener Zeitung, 1. November 1999

40. KÜSTERMANN, Andreas: Bleibt nur noch der Petitionsausschuss?, Ostsee-Anzeiger Insel Rügen, 6. Dezember 2001

41. KÜSTERMANN, Andreas: Diestel: Gutachten ist reine Gefälligkeit, Ostsee-Anzeiger Insel Rügen, 17. Januar 2001

42. KÜSTERMANN, Andreas: Kein Schlussstrich unter die „Beluga", Ostsee-Anzeiger, 20. März 2000

43. KÜSTERMANN, Andreas: Mysteriöses Unglück, Ostsee-Anzeiger, 24. März 1999

44. KÜSTERMANN, Andreas: Noch immer Zweifel am Untergang der Beluga, Ostseezeitung, 18./19. März 2000

45. KÜSTERMANN, Andreas: Spuren am Kran nicht von Ankerkette, Ostsee-Anzeiger Insel Rügen, 14. März 2001

46. KÜSTERMANN, Andreas: War es doch ein Schleppzug?, Ostsee-Anzeiger Insel Rügen, 12. April 2000

47. KÜSTERMANN, Andreas: Was passierte in jener Märznacht auf dem Fischkutter Beluga?, Ostsee-Anzeiger Insel Rügen, 3. November 1999

48. LOODEN, Silke: Auch zweite Leiche war Seemann auf Kutter, Weser-Kurier, Bremen, 14. Dezember 2006

49. LOODEN, Silke: Hoheweg wird gehoben, Weser-Kurier, Bremen, 20. April 2007

50. LOODEN, Silke: Leichen an Land gespült, Weser-Kurier, Bremen, 11. Dezember 2006

51. LOODEN, Silke: Steuermann ist identifiziert, Weser-Kurier, Bremen, 12. Dezember 2006

52. LOODEN, Silke: Vermisster Fischer gefunden?, Weser-Kurier, Bremen, 13. Juni 2007

53. NEHRING, Stefan: Pulverfass Nordsee, Statistik über Unfälle mit versenkter Munition, Waterkant, 1/2008, o.O.

54. NWZ: Da bleibt ein ungutes Gefühl zurück, NWZonline, Oldenburg, 5. Juni 2008

55. OTTO WULF GmbH: Bergungsuntersuchung FK Hoheweg, Tauchbericht zum Wrack, Cuxhaven/Rostock, 22. Juni 2007

56. POLIZEI Bremen: Fund einer Wasserleiche im Kattegat, Pressemitteilung Nr. 0665, 6. Dezember 2006

57. POLIZEI Bremen: Gesunkener Fischkutter Hoheweg, Pressemitteilung Nr. 0624, 17. November 2006, Nachtrag zu Pressemitteilung 0616 vom 15. November 2006

58. POLIZEI Bremen: Identität einer Leiche aus der Nordsee festgestellt, Pressemitteilung Nr. 0673, Nachtrag vom 11. Dezember 2006

59. POLIZEI Bremen: Wetterbedingungen unterbrechen wiederholt Suchmaßnahmen, Pressemitteilung Nr. 0650, 29. November 2006

60. POLIZEI Bremen: Zwei Wasserleichen entdeckt, Pressemitteilung Nr. 0673, 10. Dezember 2006
61. RANDT, Justus: Bergung kostet rund 500.000 Euro, Weser-Kurier, Bremen, 25. Juli 2007
62. RANDT, Justus: Hoheweg war ohne Antrieb, Weser-Kurier, Bremen, 27. Juli 2007
63. RANDT, Justus: Hoheweg wird im Juli geborgen, Weser-Kurier, Bremen, 19. Juni 2007
64. RANDT, Justus: Hoheweg wird später geborgen, Weser-Kurier, Bremen, 18. Juli 2007
65. RANDT, Justus: Keine Suche mehr nach Schuld, Weser-Kurier, Bremen, 4. Juni 2008
66. RANDT, Justus: Niedergang der Hoheweg, Weser-Kurier, Bremen, 9. August 2007
67. RANDT, Justus: Reeder kritisiert Unfallgutachten, Weser-Kurier, Bremen, 18. März 2008
68. RANDT, Justus: Suche nach Kapitän erfolglos, Weser-Kurier, Bremen, 31. Juli 2007
69. RANDT, Justus: Wrack wird heute weiter untersucht, Weser-Kurier, Bremen, 26. Juli 2007
70. SCHMIDT, Michael/RIEMANN, Lutz: Der Untergang der Beluga, Berlin 2001
71. SCHÖNBORN, Ulrich: „Schon als Kind von Seefahrt geträumt", NWZonline, Oldenburg, 11. November 2006
72. SCHULTE, Frank: Der Untergang der Hoheweg, Radio Bremen, Buten un Binnen, 17. März 2008
73. SCHULTE, Frank: Kutterbergung – keine Leiche an Bord, Radio Bremen, Buten un Binnen, 25. Juli 2007
74. SCHULTE, Frank: Tod im Sturm, die letzte Fahrt der Hoheweg, Radio Bremen 2008
75. SCHULTE, Frank: Wrack gefunden, Radio Bremen, Buten un Binnen, 15. November 2006
76. SCHWABEDISSEN, Tim: Richterspruch zu „Beluga"-Untergang, 6. Dezember 2001, http://www.esys.org/news/sos_0112.html
77. SCHWANDT, Thomas/HEROLD, Chris-Marco: Rügener Fischer in der Nordsee vermisst, Ostsee-Zeitung, Rostock, 10. November 2006
78. SCHWANDT, Thomas/VOGLER, Nick: Fischer vermutlich tot im Wrack, Ostsee-Zeitung, Rostock, 16. November 2006
79. STADT BRAKE: www.brake.de
80. TIMME-HÄNSEL, Lore/SCHÖNBORN, Ulrich/VOGLER, Nick: Furchtbare Stunden der Ungewissheit, NWZonline, Oldenburg, 11. November 2006
81. TIMME-HÄNSEL, Lore: Brake bangt um vier Seeleute, NWZonline, Oldenburg, 10. November 2006
82. TIMME-HÄNSEL, Lore: Es gibt keine Hoffnung mehr auf Überlebende, NWZonline, Oldenburg, 11. November 2006
83. TIMME-HÄNSEL, Lore: Tragödie bei einem Braker Familien-Betrieb, NWZonline, Oldenburg, 10. November 2006
84. VOGLER, Nick: „Die Hoffnung stirbt zuletzt", Ostsee-Zeitung, Rostock, 11. November 2006
85. VOGLER, Nick: Eine Seemannsfrau aus Sassnitz klagt an, Ostsee-Zeitung, Rostock, 11. November 2006
86. VOGLER, Nick: Zwei vermisste Fischer tot geborgen, Ostsee-Zeitung, Rostock, 11. Dezember 2006
87. WASSER- UND SCHIFFFAHRTSAMT BREMERHAVEN: Ausschreibung zur Bergung des FK Hoheweg, Bremerhaven o.J.
88. WSA: Pressemitteilung, Bremerhaven, 18. Juni 2007

Bedanken möchte ich mich für die Unterstützung während der Arbeit an diesem Buch bei:
Britta Grotheer-Schmitz, Diane Hacker, Monique Hähre, Jan Hatecke, Dirk Hinners-Stommel, Roswitha Jarchau, Jonne Kirchgäßner, Katrin Krüger, Klaus Krukau, Andreas Lubkowitz, Claire Morby, Ulrich Schmidt, Karsten Wild, Bundesamt für Seeschifffahrt und Hydrographie und Bundesstelle für Seeunfalluntersuchung sowie meinen Eltern.

Der Autor:

Lars Schmitz-Eggen (Jg. 1965), Fachjournalist für Rettungswesen und maritime Zeitgeschichte. Volontariat, Studium an der FU Berlin (Lic. rer. publ.), langjährige Tätigkeit als Redakteur für Tageszeitungen, Chefredakteur der Fachzeitschrift „Rettungs-Magazin“. Lebt und arbeitet in Osterholz-Scharmbeck bei Bremen.

Vom selben Autor bereits erschienen:
„Die letzte Fahrt der MÜNCHEN“ (2001)
„Monsterwellen – Wenn Schiffe spurlos verschwinden“ (2006)
„Verschollen im Packeis – Die 2. deutsche Nordpolarexpedition 1969/70“ (2007)

»Als ehemaliges Besatzungsmitglied finde ich dieses Buch unbedingt lesenswert.«

Walter Seidel

Lars Schmitz-Eggen

Die letzte Fahrt der »München«

Der Untergang der »München«. Kaum ein Schiffsunglück der letzten 50 Jahre hat in Deutschland für ähnlich viel Aufsehen gesorgt wie das Schicksal des 261 Meter langen LASH-Carriers im Dezember 1978. Zehn Tage dauert die Suche. 13 Flugzeuge und 110 Schiffe durchkämmen nördlich der Azoren den Atlantik. Vergeblich. Keiner der 28 Menschen an Bord überlebt das Unglück. Bis heute ist unklar, wo die »München« unterging und was die Katastrophe ausgelöst hat.

Das Buch schildert das rätselhafteste Schiffsunglück der deutschen Geschichte und bringt neue Fakten zutage. Im Mittelpunkt stehen die intensive Suche und alle Anstrengungen, die Katastrophe aufzuklären. Anhand von Berichten, die Teilnehmer der Suchaktion abgaben, und durch die Auswertung der Einsatzprotokolle wird das Geschehen aus dem stürmischen Dezember 1978 nachgezeichnet.

- 224 Seiten
- zahlreiche Fotos und Grafiken
- broschiert
- Format 17 x 22 cm
- ISBN 3-8311-2462-0
- Preis: EUR 15,-/CHF 30,-

Bestellung im Buchhandel
oder z.B. über www.amazon.de